도심항공교통 　　　첨단항공교통

# UAM, AAM
# 과학기술과 운용

김창덕 지음

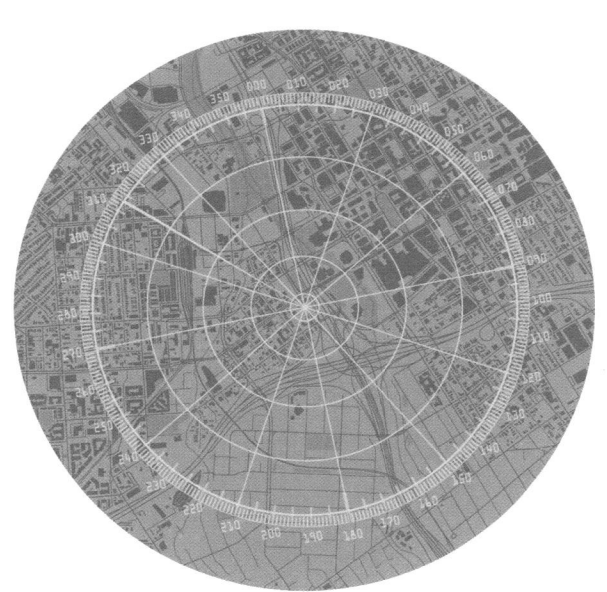

현재 국내 UAM, AAM 항공기의 과학기술과 운용을 이해할 수 있는 안내서, 준비서가 부족함을 인지하여 최근 국내외 핵심 자료를 준비하고 정리하였다. 이에 재미있고 편하게 읽으면서 개념적으로 쉽게 이해할 수 있도록 하였다.

# 머리말

UAM(도심항공교통)
AAM(첨단항공교통)
과학기술과 운용

중학교 시절부터 비행기를 좋아했다. 프라모델로 만들어 천장에 매달아 놓고 늘 보면 행복했다. 그래선지 고등학교는 고향 파주를 떠나 인천시 위치한 정석항공공고 항공정비과에 입학하였다. 그 후 대학을 졸업하고 해군 항공병과 항공연락장교(ALO)로 해병1·2사단 항공대, 6여단, 해군장교 초군반 구대장으로 근무하였다. 석·박사학위 취득 후 한국산업단지공단 재직 중 휴직을 통해 가족과 함께 미국 오클라호마주립대학교(OSU) 방문연구원으로 다녀왔다. 대학이 위치한 스틸워터(Stillwater)에는 스틸워터 공항이 있었으며 공항 주변을 벗어난 넓은 잔디밭 RC(Radio Control) 비행장에서는 주민들이 가족과 함께 RC 비행기를 날리는 모습을 접하게 되었다. 초보자가 공중에서 엔진이 정지된 비행기의 조종기를 고수에게 건네니 능숙하게 비행기를 조종하여 가뿐하게 착륙한다. 놀라웠다. 한국에 돌아와 거주지인 송도국제도시 공원 주변에서 RC 비행기 동호인을 만나 초급자용 RC 비행기를 준비하여 열심히 비행 연습을 하였다. 처음에는 잠시라도 비행기를 상공에 보내고 싶었으나 추락의 연속이었다. 이에 따라 RC 비행기를 정비하고 비행 도전에 많은 시간을 보냈다. 1년 정도 매주 비행하다 보니 조금씩 익숙해졌고 그 후 7년 여간 다양한 기종의 기체를 접하였고 추락 후 남은 기체를 모아 나만의 자작 비행기로 재 탄생시켜 시험비행 성공 여부를 즐겼다. 잘 날 수 있을까? 무게중심은 맞은 건지? 모터, 프로펠러, 배터리, 최적의 조화 등 실험비행을 통해 과학기술 증거 기반의 해답을 찾았고 개선하였다. 성공 시에는 너무 행복했으며 내가 해냈다는 성취감을 느끼곤 하였다. 물론 스트레스는 사라지고 힘이 났다. 최근 주변에는 RC 비행기 동호인들이 점점 줄어든다. RC 비행장도 부족하고 자격을 취득해야 하니 어려움이 많다. 만약 새로운 구조의 축소기를 손수 만들어 실험하고 조종해 본 현장 경험자가 기술 개발에 참여한다면 항공 관련 분야 발전에 기여 가능할 것으로 사료된다.

최근 나에게 UAM, AAM 항공기는 관심의 대상이다. 기본적인 원리와 운용 등에 대한 이해도는 경험을 통해선지 쉽게 다가온다. 현재 국내 UAM, AAM 항공기의 과학기술과 운용을 이해할 수 있는 안내서, 준비서가 부족함을 인지하여 최근 국내외 핵심 자료를 준비하고 정리하였다. 이에 재미있고 편하게 읽으면서 개념적으로 쉽게 이해할 수 있도록 하였다. UAM, AAM 관련 용어는 별도의 별지를 두지 않고 읽으면서 이해될 수 있도록 반복적으로 표기하였다. 내용 또한 총론적이기보다는 각론적이면서 과학기술과 사회적 고려사항을 포함하여 UAM, AAM의 안전 운용을 위한 준비서로 정리하였다. 부족함이 많으나 항공기를 좋아하는 많은 독자에게 도움이 되었으면 좋겠다.

2024년 1월 1일 책을 마무리하는 새해 첫날 송도에서
김 창 덕

# 목차

UAM(도심항공교통)
AAM(첨단항공교통)
과학기술과 운용

### 제1장 이동성 개념 및 혁신
1. 항공 이동성 개념 정립     9
2. UAM, AAM 글로벌 항공혁신     15

### 제2장 사회적 수용성
1. 안전성     21
2. 자율성     22
3. 소음     24
4. 환경     27

### 제3장 항공기
1. 항공기 기술     33
2. 배터리     36
3. 수소연료전지     38
4. 항공기 개발 현황     39
5. 발전 경로     43
6. 원격, 유인 조종     46

### 제4장 운용 개념
1. 공역·교통     53
2. 운송시스템     56
3. 인프라 운용 영역     61
4. 승객의 이동 경로     65

### 제5장 버티포트
1. 기술 개요     71
2. 권장 물리적 형상     76
3. 버티포트 유형     86
4. 버티포트 대안     92
5. 버티포트 관리     93
6. 지상 관리 및 현장 승객 환대     95

### 제6장 공역 통합 및 교통관리
1. 공역 통합 및 교통관리 개요     99
2. 운영 기술     102
3. 운용 절차     106
4. 미래 협력 환경     113

### 제7장 안전관리시스템 및 보안
1. 안전 관리 개요     121
2. 안전 운영     123
3. 보안 개요     126
4. 데이터 보호     128

### 제8장 통신, 항법, 감시
1. 통신, 항법, 감시, 개요     131
2. 운용 절차     134
3. 미래 기술     137

## 제9장 운용 서비스

1. 에어택시     145
2. 공항 셔틀     148
3. 비상, 의료, 구급 서비스     150
4. 기업·사업 운용 및 화물 배송     153

## 제10장 교육훈련 및 유지 보수

1. 시뮬레이터 사례분석     159
2. 교육훈련     164
3. 유지보수     168

**참고문헌**     171
**색인(Index)**     175

# 제1장

# 이동성 개념 및 혁신

# 1 항공 이동성 개념 정립

## ■ UAM(Urban Air Mobility, 도심항공교통)

- FAA(Federal Aviation Administration) 제시 의미는 고도의 자동화된 항공기를 이용하여 도심 및 근교 지역 내에서 승객 또는 화물운송(저고도) 운영의 항공수송체계(UAM CONOPS v2.0)로 정의한다.
- 도시 내 환경에서 승객과 화물을 위한 새롭고 안전하며 보다 지속 가능한 항공운송 시스템으로, 신기술로 구현되고 복합운송시스템으로 통합된다.
- UAM은 도시지역 내 비행하는 항공기를 제어하는 것이며 건물은 항공기 추적을 어렵게 만드는 원인으로 안전을 위한 고도화된 제어시스템이 필수이다.

**UAM 항공기 시스템 설계를 관리하는 주요 원칙**

| 구 분 | 세부 내용 |
| --- | --- |
| 안전성 | • UAM 운용은 현재 상업 항공 운용 대비 최고 수준의 안전표준을 충족하거나 초과하여야 한다. |
| 경제성 | • 원격 조종·감독으로 조종사의 부담과 전기동력을 통해 연료 및 유지관리 비용을 절감하여 UAM 운용자는 모든 사람에게 저렴한 항공편을 제공할 수 있어야 한다. |
| 매일 비행 | • 시계비행 기상상태(VMC : Visual Meteorological Conditions)와 계기비행 기상상태(IMC : Instrument Meteorological Conditions) 모두에서 주야간 운항이 가능하고 전기동력으로 항공기 소음 최소화 및 직접적인 탄소배출을 회피하여야 한다. |
| 자율 안정성 제어 | • 탑승 조종사가 없으면 UAM 항공기는 안정성과 내부 루프제어(Loop Control)를 자율적으로 관리하며 원격으로는 조종되지 않아야 한다. |
| 자율적 우발 및 비상 상황 | • UAM 항공기는 우발 및 비상 상황에서 자율적으로 비행하여야 한다.<br>• 항공기의 에너지 저장 상태, 잠재적인 구역에 대한 정보 및 기타 동작을 기반으로 최상의 비상착륙 구역을 선택하는 것이 포함된다. |
| 자동항법 동작 | • UAM 항공기는 정의된 성능기반 항행(PBN : Performance Based Navigation) 절차에 따라 비행계획을 자동으로 실행하여야 한다. |

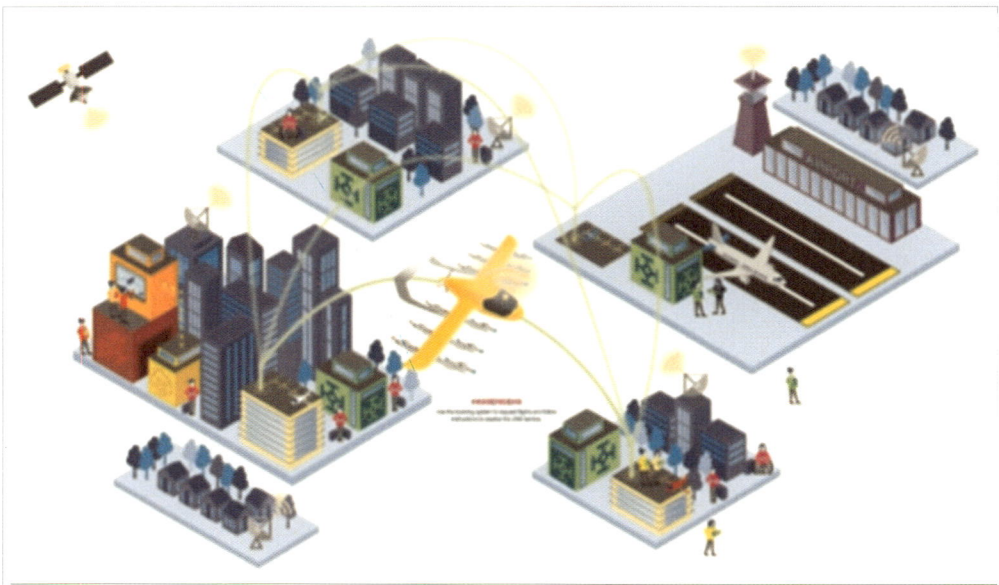

*출처 : Concept of Operations for Uncrewed Urban Air Mobility, Boeing, 2022

## ■ K-UAM(Korea-Urban Air Mobility, 대한민국-도심항공교통)

- 도심 내 활용이 가능한 eVTOL(electric Vertical Takeoff and Landing, 전기동력 수직이착륙)로 승객이나 화물운송 등을 목적으로 타(他) 교통수단과 연계되어 운용되는 새로운 항공교통체계(K-UAM ConOps v1.0)이다.

## ■ AAM(Advanced Air Mobility, 첨단항공교통)

- 전기동력 항공기, eVTOL(electric Vertical Takeoff and Landing, 전기동력 수직이착륙) 등을 포함한 첨단기술이 적용된 항공기를 활용하여 관제 또는 비관제 공역에서 두 지점 간에 사람 및 재산(People and Property)을 이동하기 위한 운송체계(AAM Implementation Plan)이다.

## AAM 특성은 도시와 농촌 환경에서 승객과 화물 운송

*출처 : NASA

- AAM(Advanced Air Mobility, 첨단항공교통)의 비전은 이전에는 접근하기 어려웠던 도시 및 농촌지역을 서비스할 수 있는 승객과 화물을 위한 안전하고 접근가능하며 자동화되고 저렴한 항공운송시스템을 제공하는 것이다.
- AAM은 자동화에 따른 저렴한 항공운송시스템으로써 도시 내 운용의 UAM보다는 광범위한 항공 이동성 개념으로 정의한다.
- AAM 제조업체는 운용비용 절감의 효과를 매력적인 비즈니스 모델로 인식하고 있으며 이를 위해 항공기 기능 자동화로 조종사가 직접 항공기를 조종하거나 원격으로 제어하도록 한다.
- NASA(National Aeronautics and Space Administration)는 AAM 개념을 통해 미국이 항공 여행의 새로운 시대로 신속히 진입하고자 노력하고 있다.
- 최근 NASA의 시장조사에 따르면 2030년까지 패키지(Package) 배송서비스의 경우 연간 최대 5억 건, 항공 운송 서비스의 경우 연간 7억 5천만 건의 항공편이 발생할 것으로 예상한다.

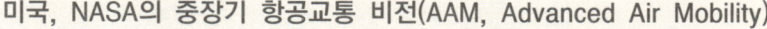

미국, NASA의 중장기 항공교통 비전(AAM, Advanced Air Mobility)

- 기존 비행기나 헬리콥터에 비해 AAM 항공기는 소형으로 비행지역과 함께 레이더나 위성기술을 사용하며 지속적으로 추적하거나 제어하는 것은 비현실적이다. 이러한 항공기 중 다수는 자체 비행 또는 자율성을 갖는 UAV(Unmanned Aerial Vehicle, 무인기)이다.

- AAM(Advanced Air Mobility, 첨단항공교통) 항공기 및 새로운 항공운송시스템에서 작동하는 가장 작은 기체는 쿼드콥터(Quadcopter, 멀티콥터 비행체의 한 종류로 회전날개(프로펠러) 4개인 것 의미)이다. 이러한 소형 자율기체는 상대적으로 저렴하며 항공촬영, 작물 모니터링, 패키지(Package) 배송과 같은 운용을 수행할 수 있다. 예를 들어 병원에서는 샘플(Sample)이 포함된 패키지를 원격으로 실험실로 신속하게 운송하여 진단 속도를 높이고 환자를 보다 효과적으로 치료할 수 있다.

Small quadcopters will perform a variety of tasks in urban areas

＊출처 : NASA, Maria Werries

- 소형 쿼드콥터의 경우 화물 수송용이나 AAM(Advanced Air Mobility, 첨단항공교통) 항공기는 요구하는 목적지 근처로 승객의 수송이 가능하다. 특히 대형 AAM 항공기는 더 많은 승객을 수송할 수 있으며 버스나 지하철의 운행 방식과 유사하게 미리 정해진 버티포트(Vertiport : 수직이착륙장) 사이를 비행한다.
- AAM 항공기의 초기 운용에는 조종사가 탑승하나 제조업체는 지속적인 무인, 원격조종, 자동화 자율비행 고도화로의 전환을 목표로 하고 있다.
- AAM 항공기는 과학기술의 발전을 통해 추진 시스템, 첨단소재, 원격 또는 자율조종 기능 등 항공운송시스템의 이동성과 탄력성을 높이는 것이 특징이다. 이러한 개선 사항은 크게 구성(추력, 이륙 및 에너지원) 및 자율성 범주로 구분하며 향후 직접적인 운용비용의 잠재적인 개선, 활용도가 낮은 기존 항공 인프라의 재활성화, 최첨단 항공교통 관리개념과의 연계도 가능하다.

\* 출처 : Ohio AAM Framework, 2022

### ■ IAM(Innovative Air Mobility, 혁신적인 항공교통)

- EASA(European Union Aviation Safety Agency)의 UAM(Urban Air Mobility) 정의 시 IAM의 부분집합(Subset)으로 도심 환경 내 또는 외곽에서 IAM 운용을 의미한다.
- 따라서 IAM은 복합운송체계에 통합되는 차세대 기술(UAS, Electric/Hybrid Engines 등)의 적용으로 가능한 승객 및 화물 운송체계이다. 이는 통합 항공 및 지상 기반 인프라로 특히 혼잡한 도시 지역 내에서 사람과 화물의 새로운 항공이동성을 제공하도록 고안된 개념이다.

### ■ RAM(Regional Air Mobility, 지역 간 항공 모빌리티)

- AAM(Advanced Air Mobility, 첨단항공교통)에 포함되는 RAM은 UAM보다는 확장된 범위를 이동하면서 도시와 도시를 연결하는(이동 거리 200km 이상) 개념으로 주로 동력원으로는 수소연료전지와 배터리를 사용한다.
- RAM에 사용되는 항공기는 eCTOL(electric Conventional Takeoff and Landing, 전기동력 전통적인 이착륙) 외에도 유무인 eSTOL(electric Short Takeoff and Landing, 전기 단거리 이착륙) 항공기가 등장하고 있으며 RAM 개념에서 중요한 역할을 할 것이다. 이러한 항공기는 이착륙을 위해 더 많은 공간이 필요할 수 있다.

## 2 UAM, AAM 글로벌 항공혁신

■ 항공기 혁신의 이해

- 원격 또는 자율 운용을 포함하여 승객 및 화물 수송을 위한 UAM(Urban Air Mobility, 도심항공교통), AAM(Advanced Air Mobility, 첨단항공교통)의 항공기 플랫폼의 혁신은 항공교통을 이해하는 방식을 변화시키고 있다.

- 비행 성능과 운용비용의 절감은 항공 분야의 새로운 시대를 열며 중요한 것은 비상 대응 및 농촌지역 사회와의 연결을 통해 사회적 혜택을 제공하는 새로운 운용 사례가 도입된다는 것이다.

- 새로운 유형 항공기의 기본이자 기존 항공기 플랫폼의 필수는 지속가능한 연료, 그린수소 및 전기에너지로의 전환이다. 이것은 기후변화 영향을 줄이고(탄소중립 기여) 공항 주변의 생활 편의성을 향상하기 위한 무탄소 배출을 달성하기 위한 핵심 요소이다.

- AAM의 일환으로 eCTOL(electric Conventional Takeoff and Landing, 전기동력 전통적인 이착륙) 항공기는 소규모 공항 운영이 축소되며 가장 규모가 작은 공항 또는 열린 공공장소를 활용하기 위해 일부 eSTOL(electric Short Takeoff and Landing, 전기 단거리 이착륙) 항공기도 개발 중이다.

- 동시에 혼잡한 도시지역의 UAM 수요에 힘입어 화물 운송, 에어택시(Air Taxi) 및 PAV(Persona Air Vehicle, 개인용 항공기)가 개발되고 있다.

- UAM, AAM은 주로 eVTOL(electric Vertical Takeoff and Landing, 전기동력 수직이착륙)로 구성되며 인증 규정상 아직 원격조종을 포함하지 않기 때문에 초기에는 조종사가 필요한 상황이다.

- 원격조종은 대부분 2030년대에 도입될 것이며 주문 및 맞춤형 기반으로 비즈니스 모델 혁신도 예상된다. 이륙 구성에는 VTOL(Vertical Takeoff and Landing), STOL(Short Takeoff and Landing) 및 고급 CTOL(Conventional Takeoff and Landing) 항공기 구성이 포함된다.

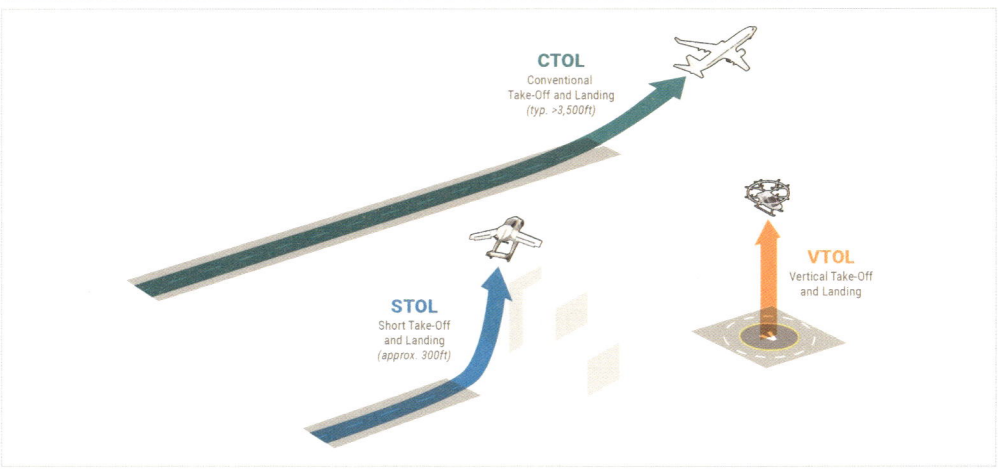

*출처 : Ohio AAM Framework, 2022

- AAM 구성은 전기(electric) "e" 또는 수소(hydrogen) "h"와 같은 기본 추진 에너지원(연료유형)에 따라 구별된다. 예를 들어, 전기동력 VTOL 항공기는 eVTOL로 수소 추진 STOL 항공기는 hSTOL로 지정된다. VTOL 항공기는 현재의 헬리콥터와 유사하나 더 작은 인프라 공간 내 이착륙이 가능하고 STOL 및 CTOL 항공기는 이착륙을 위해 활주로가 필요하다.

- 특히 STOL 항공기는 ① 메인윙(Main Wing)에 대한 양력 증가, ② 단거리 이륙을 위한 상향 수직 추력 발생, ③ 동력 저속 제어로 CTOL 항공기보다 훨씬 더 짧은 활주로 이착륙이 가능하다. 이에 따라 버티포트(Vertiport, 수직이착륙장) 내 전용 단거리 활주로 또는 다양한 이착륙 지역을 연결하여 STOL 항공기를 운용할 수 있다.

*출처 : electra.aero, eSTOL in AAM, 2021

## ■ eVTOL(electric Vertical Takeoff and Landing) 유형

- AAM 항공기 구성 변수에는 추력 메커니즘, 연료유형 및 이륙 형태가 포함되며 제조업체는 다수의 항공기 설계 구성 별로 분류합니다.

- 벡터 추력(Vectored Thrust)은 날개(Wing) 또는 추력축을 회전시켜 상승 및 순항합니다.

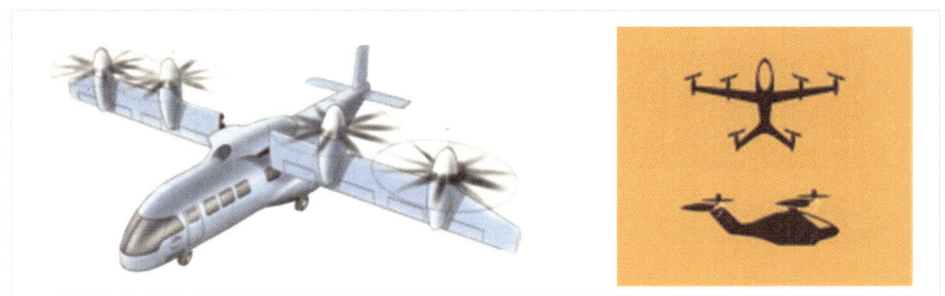

- 리프트 앤 크루즈(Lift and Cruise)는 추력 편향이 없는 순항 및 리프트용 독립 추진기를 사용합니다.

- 멀티콥터(Multicopter)는 날개가 없는 항공기로 상승용 회전로터만 있고 순항용 추진기는 없습니다.

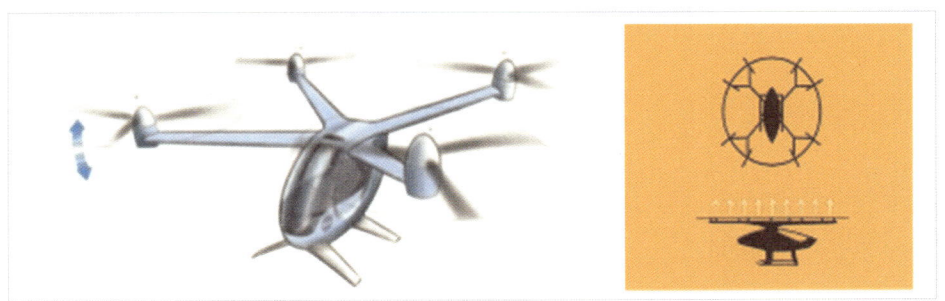

- 다수의 추진 덕트 팬(Multipropulsors Ducted Fans) 사용으로 소음감소, 날개 상승 순항 효율이 높습니다.

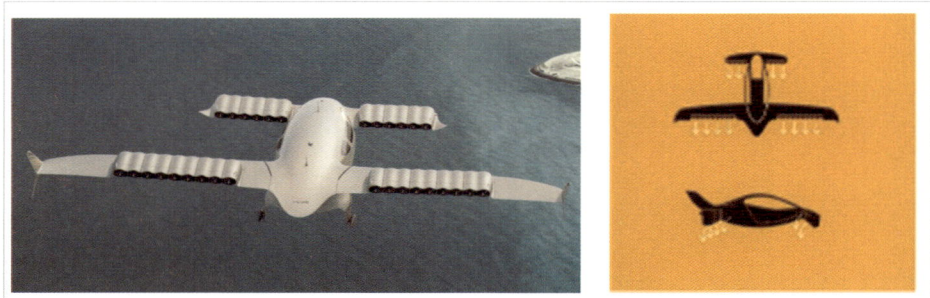

\* 출처 : Homepage Lilium, AAM Student Guide, NASA, 2020

## ■ 일반적인 연료 유형

- 현재 AAM(Advanced Air Mobility, 첨단항공교통) 항공기에 연료를 공급하는 가장 일반적인 방법은 다음과 같습니다.
  - 비행에 필요한 양력과 추력을 제공하기 위해 항공기에 에너지를 저장하는 배터리
  - 이동범위를 확장하기 위해 기존의 석유 기반 발전기와 리튬이온배터리 팩을 결합한 하이브리드(Hybrid) 전기동력
  - 안전성과 신뢰성 갖춘 수소연료전지

# 제2장

## 사회적 수용성

# 1 안전성

- 안전의 개념은 항공 분야 내에서 잘 확립되고 받아들여지나 외부에서는 안전에 대한 인식을 고려할 가치가 있습니다. 대중을 안전하게 보호하는 것과 안전하다고 느끼도록 하는 것은 서로 다른 두 가지 과제입니다. 이에 상호작용하는 서비스 제공업체가 신체적, 정신적 또는 재정적 측면에서 거의 위험을 초래하지 않는 것으로 기대하고 있으며 항공업계에서 흔히 발생하는 사고 소식은 대중이 안전하지 않다고 느끼게 할 수 있습니다.

- UAS(Uncrewed Aircraft System) 비행에 대한 과거 데이터의 수집은 신뢰성 엔지니어링 및 안전보장을 지원할 수 있지만 안전에 대한 인식과 변화에 매우 취약합니다. 따라서 UAM(Urban Air Mobility)의 안전 전문가는 고객의 실제 안전과 안전에 대한 인식을 모두 개선하는 프로그램을 구현하여야 하며 UAM 산업체(제조, 운용 및 서비스 제공업체 등), 종사자, 정부·검증기관, 개인, 환경단체 등의 역할이 중요합니다.

- 2021년 EASA(European Union Aviation Safety Agency)에서 수행한 연구 결과 EU(European Union) 시민들은 도시 내 UAM 실행 운용 시 안전, 소음, 보안 및 환경 영향과 관련된 위험에 노출되는 것을 반대합니다. 그러나 시민들은 현재의 항공 안전수준을 신뢰하는 것으로 보이며 이러한 수준이 UAM에 적용되면 안심할 수 있을 것입니다. 수용 수준이 가장 높은 애플리케이션(Application)은 의료 서비스, 배송, 구조 운용 및 공공 안전 등입니다.

- 안전 수용은 현재 전통적인 항공 안전 표준에 대한 대중의 인식에 의존하고 있습니다. 현재 운용 및 관련 데이터가 부족하고 UAM(Urban Air Mobility, 도심항공교통) 생태계가 새로운 기술을 포함할 것이라는 사실과 최소한 초기에는 기존 상업 운용의 경험이나 표준에 의존하지 않고 안전 인증을 얻어야 한다는 사실입니다. 따라서 UAM 관계자의 역할과 책임, 개인정보보호, 사이버 보안, 의사소통, 안전 증진 문화 활성화 등을 고려해야 합니다.

## 2 자율성

- AAM 제조업체의 경우 항공기에 자율성을 반영하면 운용비용이 절감됨에 따라 더욱 매력적인 비즈니스 사례입니다.
- 비용을 낮추는 방법의 최선은 항공기 기능을 자동화하는 것입니다. 이를 통해 조종사는 원격으로 항공기 또는 항공기를 조종할 수 있으며 항공기 조종 기술의 필요 시간을 40시간에서 5시간 이하로 줄일 수 있습니다.
- AAM(Advanced Air Mobility, 첨단항공교통) 항공기는 초기 운용에 조종사가 탑승하나 제조업체는 시간이 지남에 따라 고도로 자동화되고 자율적인 비행운용으로의 전환을 목표로 하고 있습니다.
- 초기 자동화는 향상된 자동화 기능을 통해 항공기 조종사 부하가 감소 되는 단순화된 작동의 형태를 취할 수 있습니다. 또는 제조업체는 조종사가 전체 임무 관리를 수행하고 비행 자동화를 감독하는 선택적으로 조종되는 항공기의 조종석에 조종사를 둘 수 있습니다. 단순화된 항공기 운용과 선택적으로 조종되는 항공기 모두 조종사가 탑승하게 됩니다.
- 반대로 원격조종 항공기는 조종사를 지상통제센터로 이동시켜 항공기를 감독하고 통제합니다. 원격 조종 임무는 단일 항공기를 관리하는 단일 조종사 로 시작되나 시간이 지남에 따라 조종사 1인이 다수의 항공기를 조종하도록 변화될 것입니다. 최종 상태는 항공기가 오작동 또는 악천후와 같은 조건에서 의사 결정을 내릴 수 있는 고도로 자율적인 항공기시스템입니다. 완전 자율 시스템은 더 먼 미래에 예견됩니다.
- 일반적으로 사람들은 UAM(Urban Air Mobility, 도심항공교통)이 인간에게 미치는 중대한 영향(예 : 안전, 소음, 시각적 혼란, 개인정보 보호, 개발 형태와 유형 등)에 익숙하지 않기 때문에 UAM 자율성에 대한 사회적 수용의 개념을 신중하게 평가해야 합니다. UAM을 채택하고 지역 교통 시스템에 통합하기로 선택한 공동체의 경우 삶의 질(Quality)과 관련하여 형평성과 지속 가능한 개선을 보장하기 위해 UAM(Urban Air Mobility, 도심항공교통)의 도입 및 성장을 신중하게 논의, 평가 및 관리해야 합니다.

## Aircraft Pathways to Autonomous Flight for AAM

|  | TECHNICAL | OPERATIONS | SAFETY | END STATE |
|---|---|---|---|---|
| **Onboard Pilot** | · Retrofit Existing Craft<br>· 2-Pilot Crews<br>· Urban Environment | · 1 Pilot<br>· Redefined Pilot Training | · Ground-Based Pilot in Command<br>· Onboard Safety Pilot | · One Supervisor for Many Aircraft<br>· Supervisor and ATC Roles Highly Integrated |
| **Remote Pilot** | · Develop Necessary Vehicles and Technology | · Highly Controlled Environment<br>· No Humans On Board | · Conducted in Unfavorable Conditions<br>· No Humans On Board | · Fully Autonomous<br>· Humans May Be On Board |

\* 출처 : Ohio AAM Framework, 2022

- 항공기 자율성은 조종사가 탑승하고 비행안전을 책임지고 직접적인 영향을 받는 것에서 단순한 탑승 조종사 및 다중 항공기 원격제어와 같은 새로운 작동 모드로의 전환을 의미합니다. 향후 항공 교통안전 보장과 더 넓은 공역 관리는 점점 더 자동화될 것입니다. 이러한 전환의 절차는 안전과 관련된 근본적인 사회적 변화와 결합되어 중요한 기술적 과제 및 위험을 수반하므로 신중하게 분석하고 관리해야 합니다.

- 자율성에 대한 잠재적인 반응 및 수용에 대한 평가는 어떤 기능이 실제로 자동화되는지 명확하게 제시해야 합니다. 향후 자동화된 시스템이 도입됨에 따라 자동화로 인한 사고(예 : 자율주행차)와 인간이 완화할 수 있었던 사고는 전반적인 안전수준이 향상되더라도 불균형한 사회적 반응 가능성이 있습니다. 이러한 경향을 상쇄하려면 자동화시스템이 자동화되지 않은 시스템보다 더 높은 안전수준이 요구됩니다.

# 3 소음

- 대부분의 기존 연구에서 드론에 대한 소음 인식의 태도는 부정적인 것보다 약간 더 긍정적입니다. 의견은 성별, 연령과 같은 수많은 복합성을 기반으로 하지만 드론에 대한 개인의 정보 및 경험 수준에 따라 달라집니다. 사용 응용 프로그램에 따라 의견도 다르며 구조 및 공공안전이 가장 높은 수용 수준을 보입니다. 소음은 UAM(Urban Air Mobility, 도심항공교통) 운용의 해결 문제 중 하나이며 긴급하지 않은 사용(비(非) 인명구조)에 대한 수용 문제가 핵심입니다. 에어택시(Air Taxi)의 경우 소음으로 인하여 제한될 수 있어 기존 항공기 소음에 비해 허용 수준이 크게 낮습니다. 비의료용 운용 헬리콥터에 대한 대중의 반응을 위해서는 관련 사례 연구가 필요합니다.

- 항공기 소음은 인구 과밀지역을 비행하는 다른 중요한 소음원이 없기 때문에 다소 독특합니다. 현재 항공교통시스템에서 55dB의 낮과 야간수준의 항공기 소음으로 인해 소음 영향을 받고 있습니다. 사람들이 항공기 소음에 익숙하지 않은 공항에서 떨어진 공역을 비행하는 UAM 항공기의 도입은 UAM의 안전, 소음, 사생활 및 시각적 영향과 관련된 대중의 우려가 발생할 가능성이 높습니다. 소음에 관한 연구에는 지역 사회 영향, 어린이, 수면장애 및 건강에 미치는 영향이 포함됩니다. UAM(Urban Air Mobility, 도심항공교통) 항공기는 기존의 수송기나 헬리콥터와는 매우 다른 소음원을 가지고 있으며 새로운 소음 프로파일(Profile)에 대한 반응에 대해서는 아직 알려진 바가 거의 없습니다.

- 승객 운송, 화물 운송 및 기타 비(非) 운송 운용을 포함한 도심항공교통 운용은 SUMP(Sustainable Urban Mobility Plan) 또는 유사한 대안을 통해 지역의 지속가능성 목표를 지원해야 합니다. 도시는 목표와 필요에 따라 UAM 운용을 설계, 개발 및 확산할 수 있는 도구가 필요합니다. 또 다른 중요한 격차는 UAM(Urban Air Mobility, 도심항공교통) 운용 지역에 살고 있는 야생 동물과의 상호작용이며 UAM 소음 문제가 발생하기 전에 전략 및 프레임워크(Framework)가 필요합니다.

- UAM(Urban Air Mobility, 도심항공교통), AAM(Advanced Air Mobility, 첨단항공교통)은 다양한 항공기설계, 추진체 구성, 크기, 최대이륙중량 및 비행 모드에 따라 광범위한 소음원 특성이 있습니다. 표준화된 방식으로 소음을 특성화하기에는 어려움이 따르나 지속 가능한 운용을 보장하는 데 핵심이 될 것입니다.

- 도시지역에서 UAM 운용으로 발생한 소음은 원인 분석이 필요합니다.
    - UAM에서 발생하는 소음과 같이 현재 소음에 추가되는 소음
    - 정점 근처에서의 높은 작동 속도
    - 주민 소음인지 최소화는 UAM 경로 및 운용계획을 최적화, 건물의 인구밀도, 반사 및 산란 원인 외에도 도시 환경의 음향전파(다중반사), 회절 및 마스킹 효과를 고려하여 수정할 수 있습니다.
    - 농촌지역에서는 AAM(Advanced Air Mobility, 첨단항공교통)을 최적화하여 자연환경에 대한 간섭을 최소화합니다.

- 현재 UAM 검증 환경 범위는 최적화가 진행 중이며 기존 규정을 새로운 항공기 구성에 맞게 조정하려면 개선이 필요합니다. UAS(Uncrewed Aircraft System)의 현재 FAA(Federal Aviation Administration) 임시 소음인증은 특정 적용 규칙(RPA : Rules of Particular Applicability)을 사용하여 사례별로 이루어집니다.

- UAS 소음인증에 대한 일반규칙은 그대로 유지되며 계속 개발될 것입니다. 수년에 걸쳐 적용될 수 있는 다양한 소음 완화 기술이 개발되었으나 AAM 멀티로터(Multi Rotor), 대체 추진 구성(예 : 로터 위상 고정(Rotor Phase-Locking), 궤환(Feedback) 시스템을 이용해서 위상잡음 감소와 함께 안정된 출력 주파수 생성)에 의해 활성화되는 소음감소 기술이 있으나 고유한 구성으로 인해 적합하지 않습니다. 수십 년 동안 헬리콥터와 프로펠러(Propeller)에서 방출되는 소음을 추정하기 위한 시뮬레이션 도구가 개발되었습니다.

- 도시음향 전파 도구는 지상 항공기(자동차, 오토바이, 버스, 기차 등)에서 발생하는 소음을 평가하기 위해 수년 동안 개발되었습니다. 이러한 소스(Source)는 지상에 있으므로 전파 도구는 종종 2.5D 레이트레이싱(Ray-tracing method) 방법을 사용하는데, 이는 건물보다 높은 고도에서 이동하는 항공기에는 적합하지 않습니다.

- NASA(National Aeronautics and Space Administration)는 UAM 음향에 대해 다양한 실험(Test)을 진행하고 있습니다. ① 소음을 유발하는 UAM 소리의 특성 ② 모터 음색의 존재, 로터(Rotor)의 충동성 또는 소리 주파수 변동이 소음에 미치는 영향 ③ 시간에 따른 소음의 변화에 따른 원인 파악 등입니다. 이를 통해 UAM 항공기 소음이 대중에게 미치는 영향과 인식을 도출합니다.

- 아래의 절차를 통해 UAM 소리에 대한 인간의 반응을 포착하는 합리적인 작업을 수행한다면, 그 데이터를 통하여 구축한 모델은 새로운 소리에 대한 반응을 예측할 수 있어야 합니다.

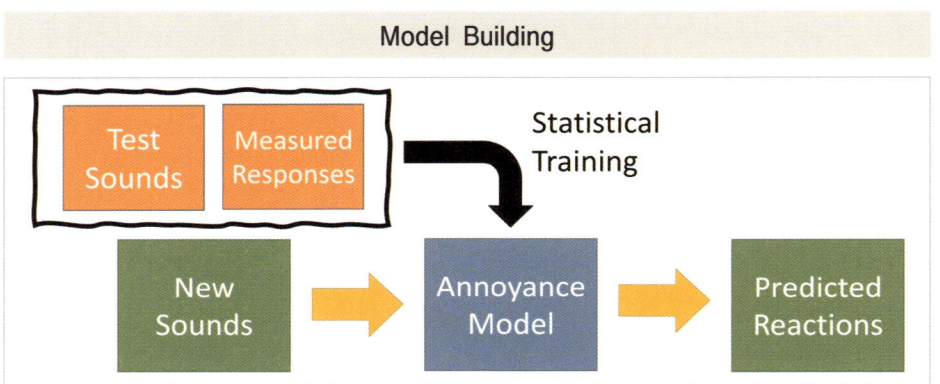

*출처 : An Overview of NASA Research into Urban Air Mobility Noise, 2022.3

- 위의 모델은 분명히 연구 도구로서 유용할 것이나 다양한 데이터 확보가 필요하며 UAM이 제작되기도 전에 발생할 수 있는 소음 문제를 해결하기 위해 차량의 녹화/예측과 일부 배경 소음 설명을 사용하는 모델이 항공기의 설계 단계에서 사용될 수 있습니다.

- 관련 기관은 모델을 통한 분석과 기존 소음 측정 기준을 상호 비교할 수 있으며 향후 관련 의견과 새로운 방식으로 상관관계를 고려하여 UAM 소음을 예측할 수 있을 것입니다.

## 4  환경

- 항공 부문의 환경 문제는 대중의 감시가 강화되고 있습니다. 예를 들어 ① 지역의 공기 질(Air Quality) 및 소음에 대한 우려로 인한 신공항 또는 확장에 대한 대중의 반대(런던 히스로(Heathrow) 공항), ② 환경·건강 문제로 인한 특정 연료에 대한 현지 사용금지(미국 캘리포니아 공항), ③ 토지 이용에 대한 우려로 바이오 연료(Biofuel)에 대한 반대 등입니다.

- 항공기 수가 급격히 증가한다면 UAM은 현재 배터리 전기동력시스템을 사용하고 있지만 수소 또는 SAF(Sustainable Aviation Fuel, 지속 가능한 항공연료), 하이브리드(Hybrid) 전기 엔진도 널리 보급될 수 있습니다. 예를 들어, SAF가 연료(터빈 또는 내연기관)로 사용되는 경우 수명 주기 배출량이 잠재적으로 낮더라도 도시 지역에서 배출량을 생성하는 유일한 부문일 경우 미래에 대중 수용 문제가 있을 수 있습니다. 향후 UAM 운용 증가는 NOx(Nitrogen Oxide, Smog, 질소산화물)와 배기가스 악취가 문제(엔진이 소형일수록 연소 효율이 낮아 악취가 더 많이 발생하는 경향이 있음)가 될 수 있습니다.

- 1970년대부터 ICAO(International Civil Aviation Organization)는 항공기가 공항 주변의 지역 대기질에 미치는 영향을 줄이기 위해 배출기준(Annex 16, Vol II)을 제시하였습니다. 이러한 표준은 UAM 부문을 위해 개발 중인 항공기의 등급에는 적용되지 않습니다. 그러나 사회적 수용의 관점에서 볼 때 다른 도시 교통수단(버스, 자동차)이 빠르게 전기화되기 때문에 UAM 항공기에서 발생하는 모든 지역의 배출물에 대한 조사가 강화될 수 있습니다. 향후 UAM, AAM(Advanced Air Mobility, 첨단항공교통)은 단일지역 공항 대비 도시 전체, 지역에 분산된 많은 버티포트(Vertiport, 수직이착륙장)로 인하여 더욱 광범위한 운용 공간 활용으로 대중에게 환경적 측면에서 인식이 증가할 수 있습니다.

- UAM 산업은 온실가스 순배출(GHG emissions) 제로(Net Zero)를 향한 항공 전환의 선두 주자가 될 것입니다. 일부 기업계에서는 배기관 배출이 없는 완전 전기 항공기설계를 추진하고 있지만, 전반적인 환경 영향 측면에서 수명 주기 배출

(예 : 배터리 생산, 전기 그리드(Electrical Grid : 전력망, 전력인프라 등을 포괄적으로 이르는 말))에서 충전 등을 고려해야 합니다.

- 수소(연료전지, 직접 연소) 또는 잠재적으로 항공기의 범위를 증가시키는 지속 가능한 항공연료(예 : 하이브리드 전기 엔진)를 사용하는 추진시스템에 대한 기회도 존재합니다. 완전 배터리 전기동력 항공기는 이산화탄소($CO_2$ 또는 기타)를 배출하지 않으나 배터리가 항공기 작동 수명의 전체 수명 주기 배출량의 상당 부분을 차지할 수 있으므로 수명 주기 배출량을 고려해야 합니다. 예를 들어, 항공기 배터리 팩(Battery Pack)을 자주 교체하면 기존 연료로 엔진을 사용하는 것보다 수명 주기 배출량이 더 커질 수 있습니다.

- 연료 생산·배출은 전기를 생성하기 위한 지역 전기그리드(배터리 충전용), 수소($H_2$), SAF(Sustainable Aviation Fuel)에 크게 의존합니다. UAM 개발을 위한 새로운 기술(대기질(Quality) 및 배출 모니터링(Monitoring) 등)은 다른 운송 수단에 긍정적인 영향을 미칠 가능성이 높습니다.

- 현재 배출 표준(ICAO : 국제민간항공기구, International Civil Aviation Organization, Annex 16 Vo II)은 터보제트(Turbojet)와 터보팬(Turbofan) 엔진(>26.7 kN*)으로 구동되는 대형 항공기에만 적용되므로 UAM은 이러한 표준에 의해 검증되지 않습니다.

  * 1N(뉴턴)은 1kg의 질량을 갖는 물체를 $1m/s^2$ 만큼 가속시키는 데 필요한 힘입니다. 1,000N=1 kN, 추력 26.7 KN은 추력 26.7톤(ton) 의미

- 현재 배출 표준은 배출에만 초점을 맞추고 있으며 수명 주기 배출은 UAM 부문에서 더 중요한 고려 사항입니다. 에너지 생산에서 발생하는 이러한 배출량을 항공 산업에 특정한 것으로 간주할 것인지 타(他) 산업 분야에서 발생 여부를 결정해야 합니다. 또한 일관성 있는 보고가 이루어지도록 (예 : ICAO 지속 가능한 항공연료(SAF : Sustainable Aviation Fuel) 개발) 수명 주기 분석을 위한 표준화된 방법론이 필요합니다.

# Reduce Emissions and Becoming Net Zero

* 출처 : Airport Carbon Accreditation Application Manual 14 FINAL, 2023 12

제3장

항공기

# 1 항공기 기술

- 핵심 항공기 기술 영역에서 탑승 승객수가 상대적으로 적은 전통적인 기존 회전익 항공기와는 로터(rotors)의 배열수, 모터(Motors), 엔진(Engines), 프로펠러(Propellers), 블레이드(Blade) 힌지(Hinges), 트림 제어(Trim Control), 진동(Vibration), 기어박스(Gear Boxes) 등의 구성이 다릅니다. 특히 소음(Noise)은 지속적으로 변화하는 다중 강제 주파수의 도입으로 기존·전통 회전익 항공기와 상당히 다른 패러다임으로 전환중입니다.

- 분산 전기동력(DEP : Distributed Electric Propulsion)은 더 낮은 소음 수준을 생성할 수 있고 충돌 방지 시스템(DAA : Detect And Avoid)은 기술 한계로 인해 밀집된 항공기 운용환경에서 사용할 수 없습니다. 특히 DAA는 낮은 고도에서 다양한 착륙 지점으로 비행하는 도시 환경에서 수많은 UAM 항공기의 출현으로 인해 어려움을 겪게 될 것입니다. 비행경로의 장애물과 조류에 대한 DAA는 기존 고려한 것과는 다르게 더 많은 주의가 필요할 수 있습니다.

- UAM 항공기 구성에서 상당히 일관성을 유지한 전통적인 회전익 항공기 시장과는 달리 새로운 주요 항공기 형식 없이 개념설계에서 비행실험까지 개발 중인 다양한 항공기가 존재합니다.

- 도시지역 UAM 항공기의 빈번한 비행에 따른 유발되는 문제점에 대한 정량화 데이터가 부족하며 UAM(Urban Air Mobility, 도심항공교통) 설계에는 소음 및 안전 규정에 대한 문서화 방법론이 포함된 공통 표준이 요구됩니다.

- 저소음 항공기의 성능감소에 대한 실행 가능한 소음 완화 전략의 효과는 해당 표준에 따라 적용한 경우에만 개발할 수 있으며 UAM 항공기 초기 설계단계에서는 개선된 항공역학적인 예측 도구에 대한 요구사항이 있을 것입니다. 비행구간에 대한 표준화된 성능평가 방법론과 UAM 항공기에 대한 도시환경에서의 성능 기준이 정의되어야 합니다.

- 버티포트(Vertiport)에 대한 새로운 설계 요구사항, 안전 비행 조건으로 타(他) 이착륙 지점에 접근하고 출발하는 경우 가능한 비행경로를 포함해야 합니다. 기존 항공운송 시스템과 동일 수준의 카테고리별 안전성이 달성되어야 합니다. 그러나 이는 높은 비용을 의미하므로 경제적 관점에서 안전수준을 조정할 수 있으며 제조업계 내에서는 다양한 의견이 존재하므로 합의가 필요합니다.

- 도시환경과 제한된 지역에서 성공적으로 UAM(Urban Air Mobility, 도심항공교통), AAM(Advanced Air Mobility, 첨단항공교통) 항공기를 운용하기 위해서는 VTOL(Vertical Takeoff and Landing, 수직이착륙)이 가능하고 화석연료 사용을 회피하여야 합니다. 이러한 요구사항은 전기 또는 하이브리드 기반 추진 시스템을 사용하는 항공기설계로 이어진 고유한 기술적 문제를 포함합니다. 수직 이착륙은 에너지 요구사항을 충족하고 다수의 프로펠러를 사용하는 UAM, AAM 항공기는 전통적인 회전익 항공기보다 호버링(Hovering, 제자리에서 정지 비행을 하는 것) 효율이 낮아 페이로드(Payload, 항공기의 자체 중량, 운항 거리 및 당일의 운항환경(고도, 풍향, 기상 등)에 따라 급유량이 결정되며 항공기 구조상 이착륙 가능 중량 가운데에서 잔여분이 화물의 탑재 가능한 중량으로 산출), 범위 및 내구성 성능이 제한됩니다.

- 항공기 성능향상의 주요 장벽은 액체 탄화수소 연료에 비해 배터리의 열악한 비(非) 에너지와 호버링을 위한 높은 에너지 방전율의 필요성입니다. 다수의 VTOL 방식의 UAM(Urban Air Mobility, 도심항공교통), AAM(Advanced Air Mobility, 첨단항공교통) 항공기는 전기식이며 일부 구성은 범위를 확장하기 위해 하이브리드 전기 시스템을 채택합니다.

- 모든 유형의 새로운 급유·재충전시스템을 위해 기술 및 인프라에 상당한 투자가 필요합니다. 고전압 시스템 안전, 배터리 모니터링 및 교체, 화재 위험 방지, 열전달 문제 해결과 같은 보조 추진시스템 고려 사항은 모두 인증으로 해결되어야 합니다.

- 현재 전기동력 시스템이 작동 중이며 다양한 유형의 VTOL 항공기에서 시범 비행 테스트 중입니다. 전력밀도, 신뢰성, 패키징, 모니터링, 서비스 및 전기 추진 항공기를 위한 대규모 상업 운용은 지상 인프라와 함께 지속적인 발전이 필요합니다. 전원 상태와 관계없이 전기모터는 최상의 설계 조건에서도 낮은 수준의 열

전달이 이루어져야 합니다. 모터의 냉각 시스템은 경량 제작하고 열에너지 발산감소를 위한 설계가 필요합니다. 하이브리드 전기시스템은 UAM 항공기의 범위를 확장할 수 있으며 도시 간 운송과 같은 장거리 시장을 목표로 항공기의 평가가 진행 중입니다.

- 수소연료전지 추진 시스템은 운용 범위를 확장하기 위한 대안으로 제안되었으나 VTOL 시스템에서는 준비 단계에 있습니다. 수소시스템의 경우 주요 제한사항은 연료전지 및 저장탱크를 위한 항공기의 물리적 공간입니다. 수소연료전지 기술은 배터리 기술보다 연구개발이 필요하나 더욱 혁신적일 수 있습니다.

- 비(非) 에너지, 전력밀도, 충전 및 방전 속도를 높이기 위해서는 배터리 기술개발이 필요합니다. 에너지 저장·관리, 급속충전 기능, 무게, 안전성, 신뢰성, 비용 및 기타 요소에서도 배터리 개선이 필요합니다. 최적의 효율성과 안전성을 위해 배터리를 패키징 하려면 시스템 수준의 활성화 기술이 필요하며 고전압 하이브리드 발전기의 개선은 효율성을 위한 것이지만 성능향상도 요구됩니다. 수소의 장점을 실현하려면 인프라 및 수소경제의 광범위한 개선이 필요하고 수소연료전지와 비교한 순수 전기 운용 항공기의 순 배출량은 추가 분석이 요구됩니다.

- UAM 항공기에 대한 인증은 일부 추진 시스템의 구성요소가 예상되는 안전 사항을 충족하기 위해 최고 수준의 신뢰성이 요구되고 있습니다. 기존의 UAM 항공기 개념은 높은 신뢰성 요구사항을 충족하는 것이 핵심이며 대규모 운용을 위해서는 전력 시스템 및 충전 인프라의 표준화가 요구됩니다.

## 2 배터리

- 에너지 저장 요건의 발전은 미래의 AAM(Advanced Air Mobility, 첨단항공교통) 생태계를 지원하기 위한 우선 과제이며 AAM 항공기의 에너지 저장과 관련된 명확한 정의가 필요합니다. 에너지 저장 요건은 성능 기반으로 제조사의 다양한 운용 개념(ConOps, Concepts of Operation) 파악이 중요합니다.

- AAM 항공기의 성능은 일부 항공기는 STOL(Short Takeoff and Landing)로 운용되거나 회전익과 고정익 항공기의 혼합 기능으로 운용되기 때문에 기존 회전익 항공기 중심의 성능평가는 어렵습니다. 그러나 기존 항공기의 이착륙 특성과 유사하므로 현재 에너지 저장 요건은 적절할 수 있습니다.

- 동일한 목적지를 공항에서 고정익 항공기로 착륙하거나 TLOF(Touchdown and Lift Off Area)에서 회전익으로 착륙하는 것은 특정 에너지 요구사항을 결정하는 요소입니다. 배터리의 기능 상태는 비행 전 계획 및 비행 중 판단을 위한 배터리 매개변수(온도, 사용량 등)를 결정하는 데 핵심이 될 것입니다. 전기저장시스템은 전통적인 항공기와 달리 비행 전 그 기능 상태를 확인해야 합니다.

- 이에 따른 잠재적인 고려 방안은 ICAO(International Civil Aviation Organization, 국제민간항공기구)가 부속서 14, 6에 설명된 범주 및 등급을 통해 운용 성과를 정의하는 방법입니다. 또한 ICAO는 항공기가 "적대적" 또는 "적대적이 아닌" 뿐만 아니라 "혼잡" 또는 "비(非) 혼잡"으로 정의함으로써 항공기가 비행하는 물리적 지리적 특성을 고려합니다. 이러한 기준은 현실적인 에너지 저장 요건을 확립하기 위한 더 나은 척도(Barometer)를 제공할 수 있습니다. 정확한 에너지 저장용량과 비행단계 전반에 걸쳐 계획된 사용을 결정하는 추가적인 고려를 위해 특정 에너지 요건에 대한 정보를 제공할 수 있습니다.

- 배터리(Battery-Electric) 기반 에너지 저장시스템을 갖춘 전기 파워트레인(Powertrain)은 재생에너지를 가장 직접적으로 사용합니다. 모든 재생에너지는 전기(예 : 그린수소 생산)에서 시작되기 때문입니다. 따라서 전기는 에너지원에서 프로펠러로 변환할

때 손실이 적어서 매우 효율적입니다. 현재 자동차 산업의 규모의 경제 이점을 활용할 수 있습니다.

**Resilient Electric Charging Infrastructure**

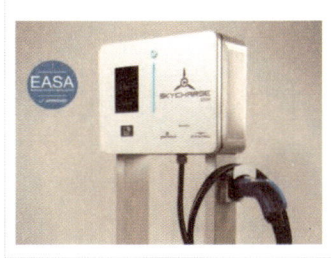  

* 출처 : Global Aviation Innovation Analysis, 2023

- 전기로 구동되는 항공기는 기내 배기가스(수증기도 없음)가 없으며 프로펠러 소음 최적화를 활용하여 소음을 줄일 수 있습니다. 낮은 에너지 비용(전기) 및 낮은 유지보수비용(전기모터)은 AAM 일부 분산 항공 모델에서 경제 환경을 변화시킬 수 있습니다. 특히 eSTOL(electric Short Takeoff and Landing)은 짧은 활주로 운용이 가능합니다.

- 배터리 에너지 밀도 및 엔진 용량 측면에서 현재 인증 가능한 팩 수준에서 가장 높은 에너지 밀도는 일반적으로 리튬이온전지를 사용하는 150~170Wh/kg입니다. 400 또는 500Wh/kg의 밀도에 도달하려면 리튬이온 이외의 새로운 화학 물질이 필요합니다. 주요 과제는 제어되지 않은 열 폭주로부터 팩을 보호하는 것이며 전기모터는 현재 약 300kW에서 500~600kW, MW 수준입니다.

- 기술적인 문제는 고전압 동력 전달 장치(HVDC : High Voltage Direct Current, 배전포함), 열관리(배터리 액화수소($LH_2$) 및 연료전지 냉각 취급) 및 인증 가능한 소프트웨어에 있습니다. 전기모터를 사용하면 엔진 소음이 감소할 것이며 이는 대중 수용에 필수적입니다.

# 3 수소연료전지

- 수소연료전지(Hydrogen Fuel Cell) 기반 파워트레인(powertrain) 및 저장시스템 설계는 미래의 항공기가 소음을 줄이고 배기가스 없이 비행하는 데 최소한의 지속가능한 에너지원으로 가능할 것입니다. 이는 항공우주공학 분야의 잘 확립된 신뢰 기반, 자동차, 해양 및 우주산업에서 파급된 신기술과 전통적인 항공기 플랫폼, 파워트레인의 최적화로부터 연계됩니다. 2022년 이후 EASA(European Union Aviation Safety Agency) 규정 액화수소($LH_2$) 분야 기업체는 인증 가능한 연료전지를 개발하고 액화수소($LH_2$) 저장, 경제성이 그린수소 생산비용 및 가용성에 대해 해결된다면 수소연료전지를 적용한 전기 항공기는 AAM(Advanced Air Mobility) 일부 분산항공모델로 확대될 수도 있습니다.

- 연료전지시스템 모듈의 연료전지 에너지 밀도는 약 2kW/kg이며 장기적으로 더 RAM(Regional Air Mobility) 항공기로 확장하려면 연료전지시스템의 경우 4kW/kg 이상으로 기술 향상이 필요합니다. 따라서 액화수소($LH_2$)는 체적 에너지 밀도장점으로 인해 항공기 수소 대체가 필수입니다.

- 수소연료전지에서 액화수소($LH_2$) 저장, 분배 및 열전달 관리 기술이 필요합니다. 특히 전력을 전기모터에 전달하려면 고전압 배전이 필요하며 기존 연료전지 기술을 항공기 적용으로 전환하고, 연료전지시스템 내 연료전지 제원의 중량 대비 출력비, 비용 효율성을 개선할 계획을 수립하여야 합니다.

- 현재 초기수준의 수소 동력 항공기를 운용하는 항공사는 배터리 사용 항공기보다 장·단거리 운용에 더 큰 잠재력을 가지고 있으며 항공산업 분야 이산화탄소($CO_2$) 감소에 기여 가능할 것입니다.

- 배터리 구동 항공기와 마찬가지로 수소연료전지 운용 항공기는 소규모 공항 간뿐만 아니라 많은 지점 간 운용이 가능합니다. 이를 통해 이산화탄소 배출 없이 저렴한 방식으로 농어촌과 도서 지역으로 서비스를 제공할 수 있습니다.

# 4 항공기 개발 현황

- UAM, AAM 항공기 개발의 특성은 추진 시스템, 첨단소재, 항공기의 원격 또는 자율 조종 기능의 새로운 발전을 통해 항공운송시스템의 이동성과 탄력성을 높이는 것입니다.
- 전 세계 기업들은 다수의 UAM과 AAM 항공기 구성, 설계 제안 및 개발을 진행하고 있으며 디자인은 다양한 수준의 성숙도로 존재하며 일부는 인증 프로세스를 거치고 다른 일부는 개념 형태로만 존재합니다.

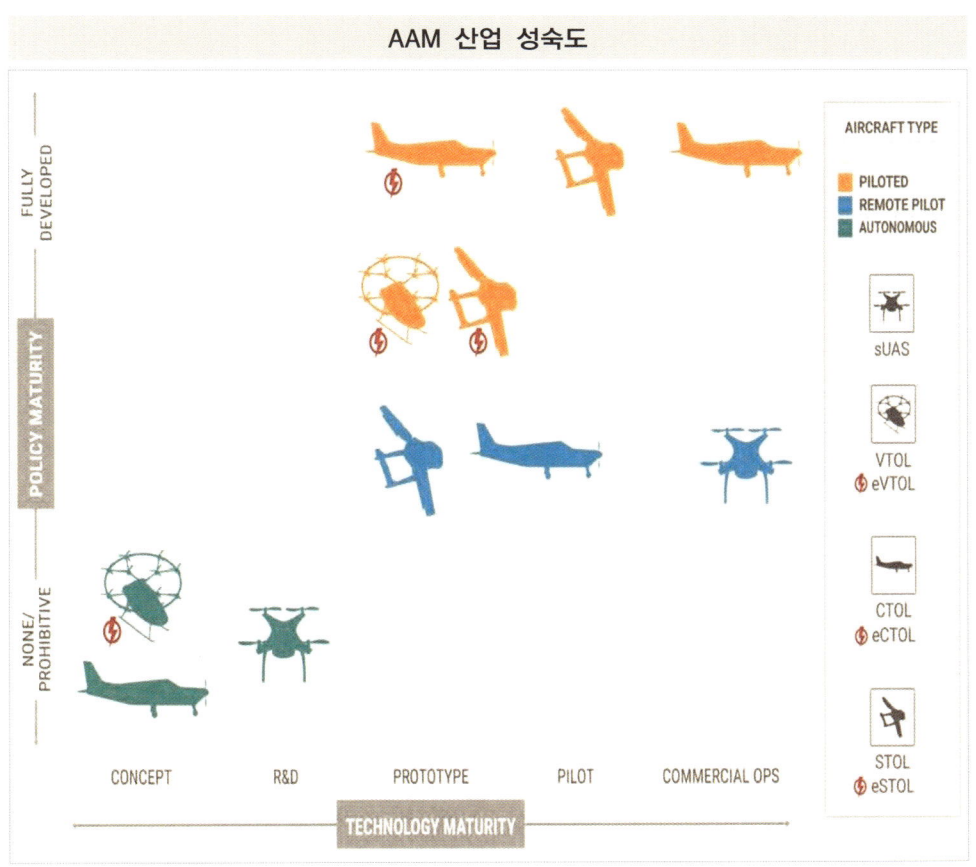

*출처 : Ohio AAM Framework

## Vectored Thrust Configuration: Vectored Thrust Aircraft Details

| Aircraft | Country | EIS | Funding ($M) | Range | Cruise Speed | Capacity |
|---|---|---|---|---|---|---|
| Joby Aviation S4 | U.S.A. | 2024 | 1,844.6 | 241 km | 322 km/h | 4 passengers |
| Archer Midnight | U.S.A. | 2024 | 856.3 | 100 km | 241 km/h | 4 passengers |
| Lilium Jet | Germany | 2025 | 938.0 | 300/250 km | 300/280 km/h | 5/7 passengers |
| Vertical Aerospace VX4 | U.K. | 2025 | 337.3 | 161 km | 241 km/h | 4 passengers |
| Supernal S-A1 | S. Korea | — | Corp. Backed | 97 km | 290 km/h | 4 passengers |

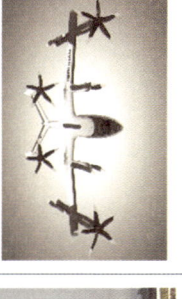

Joby Aviation S4

Lilium Jet

Vertical Aerospace VX4

Archer Midnight

Supernal S-A1

Lift + Cruise Configuration: Lift + Cruise Aircraft Details

| Aircraft | Country | EIS | Funding ($M) | Range | Cruise Speed | Capacity |
|---|---|---|---|---|---|---|
| Pipistrel Nuuva V300 | U.S.A. | 2023 | Corp. Backed | 300 km | 165 km/h | 300-kg cargo |
| Beta Tech. Alia S250 | U.S.A. | 2024 | 796.0 | 500 km (target) | – | 2 pax + cargo |
| Airbus CityAirbus NextGen | France | 2025 | Corp. Backed | 80 km | 120 km/h | 4 passengers |
| AutoFlight PROSPERITY I | China | 2025 | 115.0 | 250km | 200km/h | 4 passengers |
| Ehang VT-30 | China | 2025 | 132.0 | 300km | – | 2 passengers |
| Volocopter VoloConnect | Germany | 2026 | 579.0 | 100 km | 180 km/h | 4 passengers |
| Eve UAM Solutions Eve | Brazil | 2026 | 362.4 | >96 km | >241 km/h | 4 passengers |
| Wisk Cora | U.S.A. | – | 775.0 | 100 km | 180 km/h | 2 passengers |

Pipistrel Nuuva V300*

Airbus CityAirbus NextGen

Beta Technologies Alia S250

Volocopter VoloConnect

AutoFlight PROSPERITY I

Wisk Cora*

Eve UAM Solutions Eve

Ehang VT-30

*Targeting autonomous initial operations.

제3장 항공기

**Wingless or Multicopter: Multicopter Aircraft Details**

| Aircraft | Country | EIS | Funding ($M) | Range | Cruise Speed | Capacity |
|---|---|---|---|---|---|---|
| Ehang EH-216 | China | 2022 | 132.0 | 35 km | 100 km/h | 2 passengers |
| Volocopter VoloCity | Germany | 2024 | 579.0 | 35-65 km | ~90 km/h | 1 pax + cargo |

Ehang EH-216*

Volocopter VoloCity

*Targeting autonomous initial operations.

\* 출처: Scientific Assessment for Urban Air Mobility(UAM), IFAR

# 5 발전 경로

- 통상적으로 조종되는 UAM 항공기 운용의 발전 경로는 애플리케이션(Application, 화물 또는 여객 운송, 항공기 유형, 필요한 기술)에 따라 다르며 용도에 따라 기능이 변경됩니다.

- 원격조종 항공기는 현재 UAM, AAM의 발전 가능성에 따라서 응용되나 비상 및 재해 분야에 우선적입니다.

- 조종 항공기 운용을 통해 탐지 및 회피(DAA : Detect and Avoid), 자동 이착륙 및 공역 관리와 같은 원격조종 UAM 항공기의 기술을 실험하여 최종 안전보장을 위한 데이터를 확보합니다.

- 도시 이전의 농촌, 사람 이전의 화물, 화물 이전의 화물의 접근방식은 시장과 일반 대중에 대한 위험을 최소화할 수 있으며 적극적인 데이터 확보를 통해 운용 능력을 강화합니다.

- 드론(Drone) 확장(서비스 제공에서 화물로, 화물에서 사람 수송으로)의 기능에는 일반적으로 기술(센서), 소프트웨어(항공기 탐지, DAA : Detect and Avoid), 무인항공교통관리시스템(UTM : UAS(Uncrewed Aircraft System) Traffic Management) 및 용량, 효율성, 안전 및 검증 반영하여 제공하는 기타 기능이 포함됩니다.

- 무인항공시스템(UAS : Unmanned Aircraft System)과의 통합은 시너지 효과가 있는 기술개발과 공역에서 혼합된 조종사 및 무인 운용과 관련된 모든 관점에서 항상 고려 사항입니다. 또한 드론의 스케일업(Scale Up)은 한 명의 원격 조종사가 여러 대의 드론을 제어하고 모니터링 할 수 있는 기술 발전을 의미합니다.

- 단기적으로는 제한된 기존 기술의 자동화(예 : 기본적인 활주로, 이착륙, 비행 기능과 최소한의 비상 관리 및 UTM 통합) 존재할 가능성이 매우 높습니다.

- 자동화시스템(탐지 및 회피 및 정교한 인공지능(AI : Artificial Intelligence) 기술 포함)은 상호 운용성에 필요한 절차의 복잡성으로 인해 동적 의사 결정을 포함한 고도화 수준까지는 장기적으로 고려하여야 할 것입니다.

- 기후변화 정책은 시간이 지남에 따라 기존 기술의 전기화를 강제할 것으로 예상되며, 인프라 요구를 포함한 이러한 변화는 산업 발전에서 예상될 것입니다. 이에 따라 더욱더 광범위한 특정 임무 또는 항공기 구성의 경우 하이브리드(Hybrid) 전기동력시스템의 산업 발전과 미래의 수소 추진 가능성을 예상합니다.

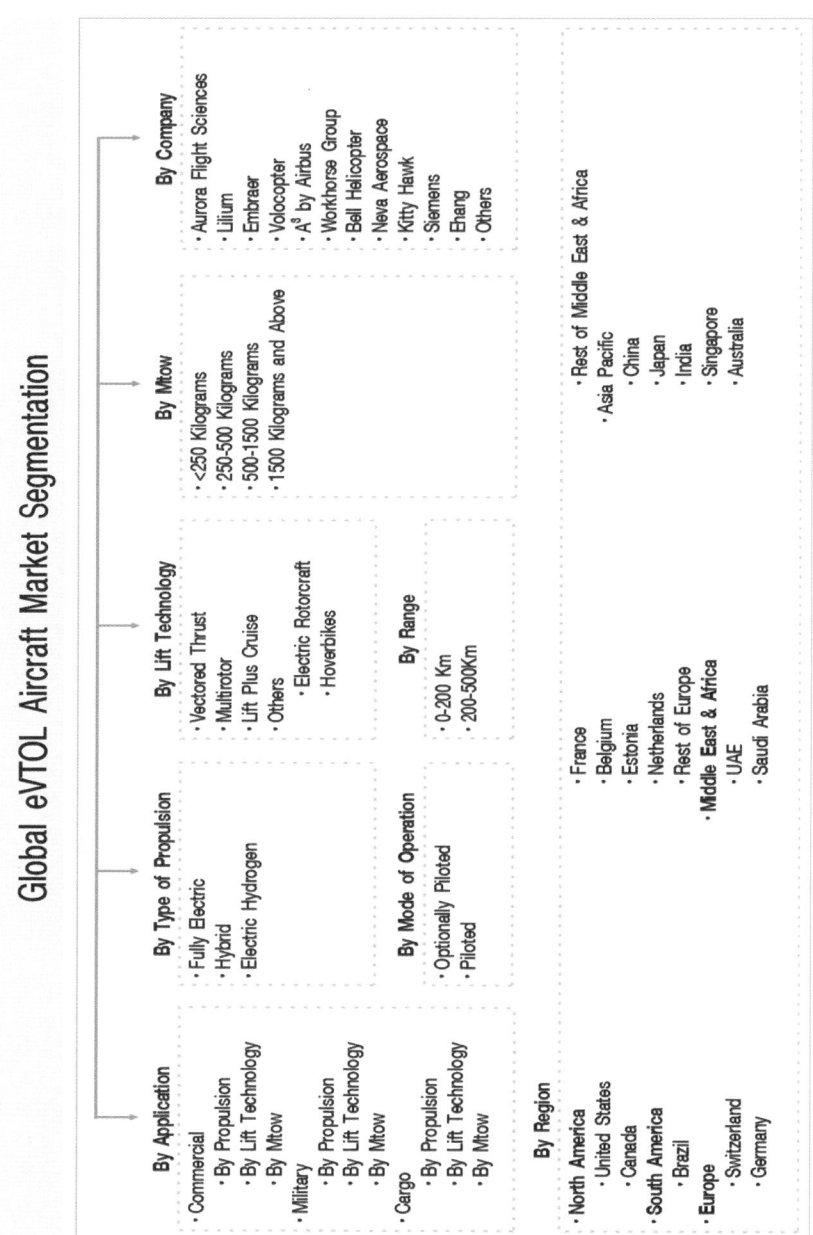

*출처 : MarkNtel Advisors

- 탑승 조종사 운용 항공기 시스템 인증은 2025년 기간(대부분 2024년)에 이루어져야 한다는 것이나 이러한 예측은 선도기업 표준에 따라 낙관적입니다.

- ~2025년 초기 운용 이후 운용이 증가하여 2020년대 후반에 승객 운송 및 의료 운송 서비스가 확장될 것입니다. 또한 2030년대에는 주문형이 예측되고 미국과 유럽은 ~2025년까지 프로토타입(prototype)을 인증할 것으로 예상되며 동등한 인증 프로세스가 없는 국가에서는 일정이 지연될 것입니다.

- 소규모 VTOL(Vertical Takeoff and Landing, 수직이착륙) 항공기에 대한 EASA(European Union Aviation Safety Agency) 특별조건 VTOL(SC-VTOL : Special Condition for VTOL) 표준은 화물 및 여객 운용 모두에서 적용됩니다. 일부 국가는 더욱 엄격한 규정 준수 수단(MOC : Minimum Obstacle Clearance)을 요구하는 다양한 운용 위험 수준에 대해 동일 인증 기준절차를 사용합니다.

- 초기 인증 경로의 장벽으로 조종사 자격(미국과 유럽 간 다름)을 포함합니다. 에너지 저장, 복잡한 소프트웨어 및 인증 비행 자율성, 전기 서브 시스템, 비행 특성 신뢰, 사회적 수용성 및 경제성(소수의 값비싼 부품 또는 시스템만 생산됨)을 고려해야 합니다.

- 원격조종 운용을 위한 원격조종 항공기 인증은 일반적으로 조종 구성보다 더 어렵고 비용이 많이 드는 것으로 간주 됩니다. 시골 화물과 같은 낮은 위험 사용 사례는 주요 국제 검증기관의 인증 경로의 일부로 제한적으로 운용될 것입니다.

- UAM 개념을 가능하게 하는 인증 전에 SVO(Simplified Vehicle Operations) 한 명의 조종사 UAM, sUAS(small Unmanned Aircraft System), 업무용 UAS(Uncrewed Aircraft System) 및 기타 구성 또는 응용 프로그램에 대한 인증이 예상됩니다. 원격으로 조종되는 eVTOL(electric Vertical Takeoff and Landing, 전기동력 수직이착륙) 운용에 필요한 투자로 인해 기업계는 최고 수익을 위한 승객 운송에 대한 궁극적인 인증을 추구할 것입니다.

- 향후 인증 프로그램에 대한 운용 경험 및 안전성 확보를 위해 다른 응용 프로그램을 활용할 것입니다. 시간에 따른 기술의 발전은 인증 노력의 예측에 영향을 미치면서 더욱 특별하고 다양한 구성과 애플리케이션 추진으로 계속 발전할 것입니다.

## 6 원격, 유인 조종

- 유인 조종사 항공기 경로(Onboard Pilot Aircraft Pathway)는 점진적이며 완전히 확장된 자동화 운용에 앞서 승인을 얻는 것이 목표입니다. 항공기 운용시스템의 고급 기술 통합을 제한하는 다양한 기술 및 규제가 존재하므로 상용 운용 기술을 입증하면서 현재 상태 규제 조건에서 운용할 수 있는 항공기의 기능을 제안하여야 합니다.

- 향후 항공기는 초기부터 자체 자율성을 갖게 되므로 AAM 제조업체는 개조하거나 재설계할 필요성이 줄어듭니다. 이러한 경로상 비정상 상황에서의 임무 위험과 안전이 우선시 됩니다. 운용자와 제조업체는 단기적으로 시장에 진입할 수 있지만 관련 생태계의 발전에 따라 고도의 임무를 수행할 수 있는 상업적 가능성이 필요합니다.

- 원격조종 항공기 경로(Remote Pilot Aircraft Pathway)는 조종사가 항공기에 직접 탑승하지 않고 바로 원격조종으로 운용합니다. 지상 관제센터에서 조종사는 다양한 환경조건에서 시스템 기술 및 인증 자동테스트를 수행합니다. 다수의 AAM 제조업체는 인증을 획득하고 완전히 배포된 운용을 가능하기 위해 원격조종 경로를 목표로 하고 있습니다. 이러한 경로가 성공하려면 PSU(Provider of Services for Urban Air Mobility)를 위한 서비스 제공업체를 활용하는 무인항공교통관리시스템의 구현 및 업계 전반의 채택이 필요합니다.

- 항공기와 기술은 자율성을 염두에 두고 설계되었으며 항공기 또는 조종사와 내비게이션 서비스 제공업체 간에 실시간으로 정보의 빈번하고 안전한 디지털 데이터 링크 통신을 포함합니다. 이를 위해서는 다양한 기술혁신 성숙도, 항공기의 하드웨어 및 소프트웨어에서 이착륙을 위한 도시 환경의 인프라에 이르기까지 FAA(Federal Aviation Administration) 인증의 격차를 줄여야 합니다.

- AS(Automated Systems, 자동화시스템)은 일반적으로 기존 자동화시스템보다 기본적인 반응 피드백(feedback) 제어 및 스크립팅(Scripting) 된 정보 처리 운용이

아닌 목표 지향적 행동을 달성하기 위해 규정된 권한을 가진 정교한 자동화시스템입니다. AS의 적용은 임무 관리, 전략적 비행경로 계획, 전술 상황, 궤적 실행, 공칭(Nominal) 여부 상황에서의 시스템 관리를 포함한 모든 비행운용이 포함됩니다.

- 주요 목표로 UAM에 AS(Automated Systems, 자동화시스템)를 적용하면 역할, 권한 및 책임, 특히 조종사와 AS 간의 최종 권한 및 책임에 대한 변경이 가능하여 새로운 운용을 가능하게 하고 시장을 확장할 수 있습니다. 최종 목표는 소수의 지상 직원이 다수의 항공기를 감독하면서 안전한 자율 항공기 운용을 가능하게 하는 것입니다. 이러한 기능은 운송 항공기에 비해 낮은 페이로드(Payload, 유상탑재중량)를 제공하는 UAM에 특히 영향을 미칩니다. 탑재 기술 외에도 공역 시스템 업데이트는 점점 더 자율화되는 항공기 배치를 가능하게 하고 가속화에 중요한 구성요소입니다. 이러한 업데이트에는 항공기 간 데이터 공유와 같은 기술과 이러한 기능을 활용하는 비행규칙이 포함됩니다.

- 현재 규정은 항공기의 안전과 운용에 대한 최종 책임을 "기장"에게 부여 합니다. 이를 준수하기 위해 PIC(Pilot-In-Command, 항공기 조종사)는 가능한 한 자동화시스템 없이 항공기를 작동할 수 있어야 합니다.

- 대조적으로 극도로 가능성이 없는 모든 상황에서 조종사보다 더 나은 성능과 안전성 기능을 수행하는 AS(Automated Systems, 자동화시스템)를 개발할 것이며 이를 통해 궁극적으로 AS는 기능 검증에 따라 조종사 역량 및 자격과는 무관하게 될 것입니다.

- 향후 UAM 항공기는 완전한 자율성을 달성할 것으로 예상하나 기업은 "자율성에 직접 접근"하는 것과 조종사 및 자동화 권한과 책임의 균형을 변경하는 점진적인 전략을 포함, 목표 달성을 위해 다양한 전략을 추구할 것입니다. 이러한 전략의 실행 가능성과 진행 상황은 향후 관련 자료 분석 또는 데이터로 제시될 것입니다.

- 기능 다양성, 성능 및 설계 보증 요구사항과 관련된 AS(Automated Systems, 자동화시스템)에 대한 규제 요구사항은 많은 운용이 조종사의 암묵적인 책임이고 규제에 직접 포함되지 않기 때문에 불확실합니다. (예 : 감지 및 회피) 비결정적 알고리즘에 대한 보증 요구사항 준수를 확인하는 수단은 현재 공백입니다. 신흥 AS는 특수 운용을 수행하며 기본 기술은 항공 안전에 필수적인 일반 기능을 완전히

대체하지 않습니다. 따라서 자동화시스템 구성 및 관련 과제는 가까운 미래, 특히 원격 항공기 감독관(MVS : Multi-Vehicle Supervisor)을 구상하는 개념에서 중요한 요소입니다.

- 공군 및 비행운용을 관장하는 현재의 규제 구조는 인간 중심 운용과 입증된 성공을 기반으로 합니다. AS(Automated Systems, 자동화시스템)를 최대한 활용하려면 이 구조를 크게 수정해야 합니다. 빠르게 발전하는 AS가 잠재적인 인간 자동화 팀 구성 개념의 범위를 확장함에 따라 적절하게 통합되고 유연하며 효과적인 규정의 개발 및 적용이 점점 더 어려워지고 중요해질 것입니다.

- 발전하는 AS(Automated Systems, 자동화시스템)의 기능과 한계를 완전히 검증하려면 실제 운용이 필요하므로 개발자와 검증기관은 기본 개념 성숙도와 일치하는 위험 허용 범위를 가진 애플리케이션에서 운용 및 학습을 허용하는 전략을 협력적으로 개발해야 합니다. 또한 이러한 초기 운용의 데이터를 문서화하고 명목상 더 높은 보증 및 안전 요구사항이 있는 타(他) 사용 사례에 적용하기 위한 표준이 필요합니다.

- 조종 기술, 운용의 발전은 UAM 산업이 성숙함에 따라 조종 기능의 점진적인 자동화, 항공 교통 관리 및 제어에서도 유사한 성숙이 예상됩니다. 기술은 기본적인 보조 자동화에서 조종 안전장치를 사용하는 포괄적인 안전 자동화로 변화할 것이며 조종 안전으로 의존에서 검증된 필수 자동화로 발전할 것입니다. 배터리(용량 및 충전효율 포함), DAA(Detect and Avoid), 명령 및 제어, UTM(UAS(Uncrewed Aircraft System) Traffic Management), 지상 충돌방지시스템, 고도의 신뢰성과 다수의 항공기 생산·운용은 비용을 낮추고 효율성과 안전성 향상에 기여 가능할 것입니다.

- 아래의 그림은 GA(General Aviation)급 무인기가 ADS-B(자동항행감시장치, Automatic Dependent Surveilance) 미장착된 GA급 항공기를 탐지 범위 내 검지 후 회피기동 DAA(Detect and Avoid) 사례입니다.

DAA Example : Beam Approach Case

\* 출처 : UAM 개발 동향 및 인공지능기술의 적용 방안, 민경원, 한국전자기술연구원, 2022.11.4

- 원격조종 UAM 개념을 향한 여러 경로로 국제적인 노력이 진행됨에 따라 규모가 증가하는 아키텍처 구현으로 이어질 수 있습니다. 원격조종 UAM 운용을 위한 자동화는 조종 지원에서 기능별 자동화로 진행되며 이 경우 운용 주체는 개인이 아니라 서비스 제공자입니다.

- 원격조종 UAM 운용을 구현하려면 자동화, 자율성과 짧은 대기 시간, 장거리 통신 기능에 크게 의존해야 합니다. 안전한 작동(예 : BVLOS(Beyond-Visual Line of Sight))을 위해 내부 루프(예 : 피치(pitch), 롤(roll), 요(yaw)) 및 외부 루프(예 : 대기 속도, 고도) 기능의 자동화가 필요합니다. 이러한 기술의 신속한 개발 및 실험은 인증 절차의 실행과 지침 제공을 가속할 수 있습니다.

- sUAS(small Uncrewed Aircraft Systems) 기술은 수요가 높으며 일반적으로 중요한 자동화 기능을 구현하기 위한 위험수위가 낮습니다. 크기, 무게 및 전력 문제는 일부 자동화 기술(센서, 비상 관리 등)을 sUAS로 전환 성능에 위험을 초래할 수 있습니다.

- UAM 항공기 제원에는 일반적으로 승객수를 명시하나 조종사가 포함되지 않습니다. 따라서 볼로콥터 볼로시티(Volocopter, VoloCity)와 같은 2인승 항공기는 비행당 한 명의 승객만 탑승합니다.

- UAM은 발전 가속화를 위하여 타(他) 부문(예 : 자동차)의 기술 발전과 시너지(Synergy)의 융합(Fusion)을 활용할 가능성이 높습니다. 원격조종 운용을 지원하여 조종 경로보다 더 발전된 운용모델로 더 빠르게 전환할 수 있습니다. EASA(European Union Aviation Safety Agency) 인공지능 로드맵에 따르면 2035년에 대형 항공기를 위한 자율상업 항공 운송(CAT : Commercial Air Transport) 운용이 예상됩니다.

- 조종사 운용환경은 램프업(Ramp-Up : 대량양산 진입까지 생산능력의 증가)에는 많은 비행시간이 필요하고 초기 성장은 전통적인 S-곡선을 따를 가능성이 높습니다. 2030년~2040년은 UAM 운용이 보편화될 것으로 예상하며 향후 10년 이내에 진정한 도시 운용(예 : 밀집된 도시지역에서 옥상 착륙이 보편화됨)의 채택에 대한 기대에 대해서는 의견이 다릅니다.

- 원격조종 운영 UAM은 초기에 탑승 조종사보다 훨씬 더 많은 진입장벽이 존재하나 중기에는 자동화 및 확장성에 이점이 있습니다.

- UAM 항공기는 ConOps(Concept of Operations, 모든 이해 관계자에게 정량적 및 정성적 시스템 특성을 전달하는 운용 개념) 지원하도록 설계되는 동시에 미래 운용에 대한 관련 기업계의 비전을 제공할 것입니다. 안전 관리 시스템의 원칙 및 운용 테스트에 대한 검증기관과의 협력으로 지속적인 발전이 수반될 것입니다.

제4장

운용 개념

# 1 공역·교통

## ■ 공역 및 항공교통관리

- UAM 항공기를 오늘날의 공역 및 운송시스템에 통합하기 위한 주요 원칙은 다음과 같습니다.
    - 기존 인프라, 절차, 기존 항공운송시스템이 제공하는 서비스
    - 신규 및 개정된 규정과 운용 정책을 통해 새로운 운용과 NAS(National Airspace System)의 통합이 가능하게 됩니다.
    - UAM 교통관리는 공간적, 시간적 요소를 모두 고려한 상세한 비행계획을 준수함으로써 달성할 수 있는 높은 수준의 효율성과 예측 가능성을 수반합니다.
    - 충돌회피를 위한 교통량 최소화를 위해서는 공동비행 계획을 통해 수요 제한을 적용하고 비행경로 교차를 방지합니다. 비행계획은 이륙부터 착륙까지(end-to-end)로 이루어지며 전체적으로 승인되고 정기적으로 실행됩니다.

## ■ UAM 항공기 공역 및 운송시스템에 통합하기 위한 주요 가정

- 공역 등급 : UAM 항공기는 공역 G, E, D, C, B 공역 등급의 위치에서 출발, 운항 및 착륙합니다.

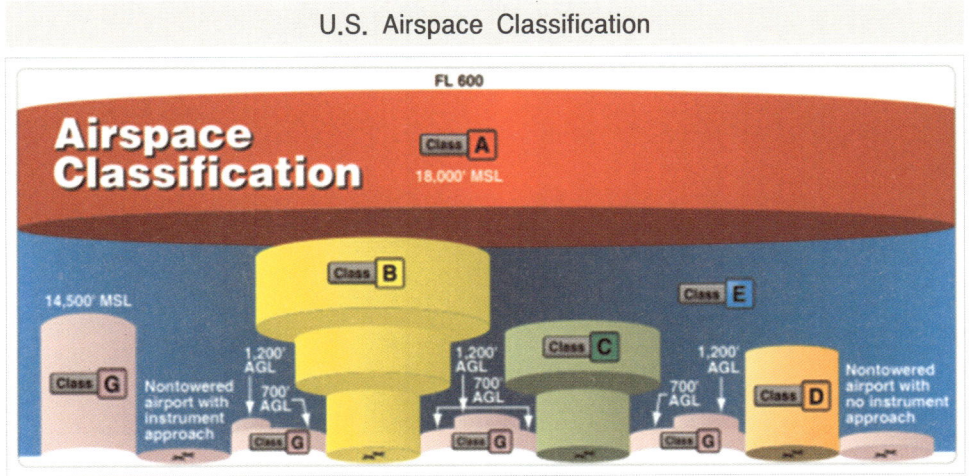

- 무인항공시스템(UAS, Unmanned Aerial System)은 이론상 모든 클래스 G 공역에서 비행할 수 있지만 교통관리는 AGL(Above Ground Level, 지상 고도로 지표 높이를 의미) 400ft(121.92m)로 제한됩니다.

  - UAM 교통관리는 저고도 항공기를 포함하여 공표된 RNP(Required Navigation Performance, 필수항법성능) 경로 및 IFP(Instrument Flight Procedures, 계기비행절차)에 준용합니다. 실패 접근 절차, 전환을 포함한 IAP(Instrument Flight Procedures, 계기접근절차), SID(Standard Instrument Departure, 표준계기출발) 전환을 포함합니다.
  - RNP 승인필요 UAM 및 다중 무인기 감독시스템은 RNP AR(Available on request) 접근 및 출발을 따르도록 장착되고 승인됩니다.
  - UAM 항공기 운용은 분리(Separation)를 오가는 수직 구간 안내를 제공하는 IFP(Instrument Flight Procedures, 계기비행절차)를 사용합니다. FATO(Final Approach and Takeoff Area, 최종 접근 및 이륙구역) 영역과 관련된 수직 이착륙 세그먼트(Segment)를 수용하기 위해 항공전자공학, 비행 자동화, SID(Standard Instrument Departure, 표준계기 출발) 전환을 포함하고 IAP(Instrument Flight Procedures, 계기접근절차)가 생성됩니다.
  - 전용 UAM 경로와 공역은 운용 효율성을 향상하고 교통충돌을 해결하기 위한 ATC(Air Traffic Control, 항공교통관제) 개입이 줄어듭니다. 설계상 UAM 경로는 다른 공표된 경로 및 공역을 방해하지 않으므로 절차상 일부 분리가 제공됩니다.
  - UAM 운용은 ATC(Air Traffic Control, 항공교통관제) 및 MVS(Multi-Vehicle Supervisor) 업무 부하를 줄이기 위해 디지털 기술을 활용합니다.

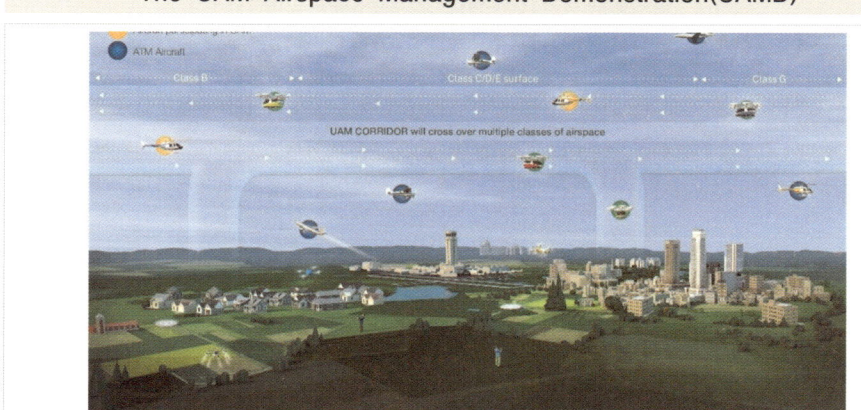

The UAM Airspace Management Demonstration(UAMD)

* 출처 : Factsheet UAM ICN November, 2022

## 현재와 장기적인 시점의 주요 원칙 비교

| 구분 | 현재 및 단기 | 중기 | 장기 |
|---|---|---|---|
| 비행규칙 | 시계비행규칙(VFR)<br>계기비행규칙(IFR) | 공개된 RNP 경로<br>계기 절차 준수 | 자동화된 교통관리<br>항공기 분리 감소<br>교통밀도 고도화 |
| 계기 비행 절차 | SID, 저고도 경로, IAP, 실패 접근 절차<br>시각적 부분에는 표면까지 비행을 완료하기 위해 탑승 조종사 필요 | 게시된 RNP 절차<br>새로운 절차를 통해 표면에서 자동화된 수직 안내 가능 | UAM 비행경로는 자동화된 장치로 관리되는 UAM 회랑(지정 공역으로 둘러싸여 있음) 지정 |
| 조종 주체 | 탑승 조종사 | MVS(최대 3대) | MVS(다수 항공기) |
| 흐름 관리 및 분리 서비스 | 운영자는 비행계획 제출<br>ATC는 VHF 음성통신을 통해 IFR 및 일부 VFR 항공기에 분리 서비스 제공 | 운영자는 충실도 높은 비행계획 제출<br>ATC는 음성통신을 통한 UAM 항공기 비행 계획<br>경로 구조는 분리 서비스의 필요성 최소화 | 비행계획 및 분리 서비스는 UAM 회랑환경 내에서 자동화 |
| ATC 핸드오프 및 체크인 | 조종사는 VHF 음성 통신을 통해 ATC와 교전하고 수동으로 주파수 전환 | 음성통신시스템이 지원<br>자동화된 핸드오프, 체크인 및 ATC와의 링크 확인 | UAM 회랑 환경 내에서 통신 무결성 검사 자동화 |
| 헬기장과 버티포트 표면 제어 | 헬기장 운영자는 표면에 대한 접근 승인<br>FBO 일정 관리 및 표면조정 | VM은 표면이동과 슬롯 예약을 제어<br>슬롯 할당은 버티포트 FATO 바로 위의 공역에 대한 접근을 절차적으로 검증 | VM은 표면이동과 슬롯 예약을 제어하고 지정된 수직 이착륙 공역에서 항공기 이동 제어 |

* VFR : Visual Flight Rules
* IFR : Instrument Flight Rules
* RNP : Required Navigation Performance
* SID : Standard Instrument Departure
* IAP : Instrument Approach Procedure
* MVS : Multi-Vehicle Supervisor
* ATC : Air Traffic Control
* VHF : Very High Frequency
* FATO : Final Approach and Takeoff area
* FBO : Fixed Base Operator
* VM : Vertiport Manager

## 2 운송시스템

### ■ AAM 아키텍처(Architecture)

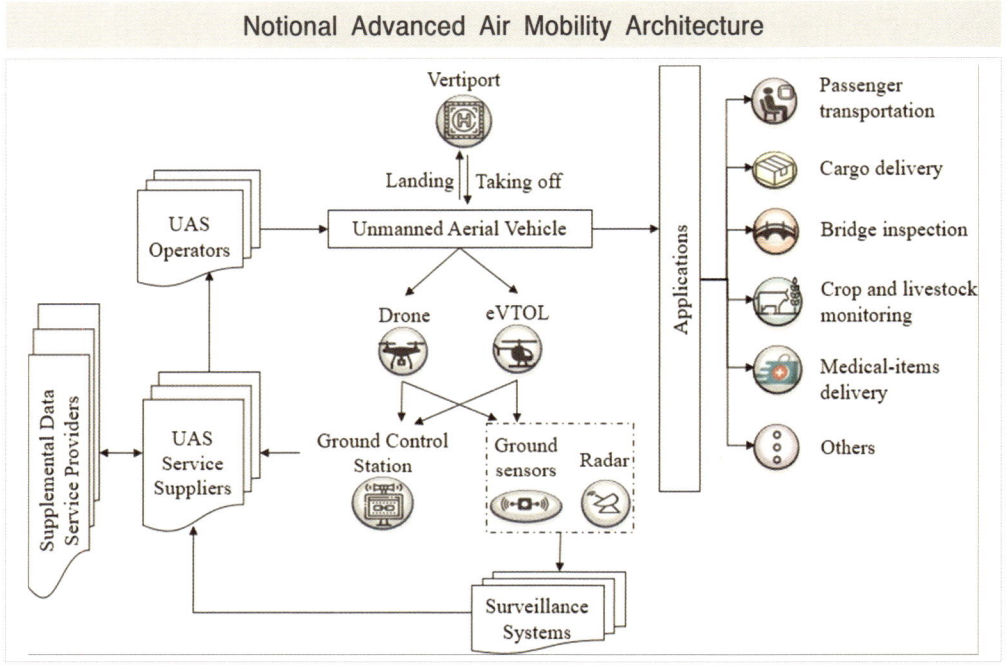

\* 출처 : Applied Sciences

### ■ 항공기

- 다음 가정 목록은 항공기에 관한 원칙에 따라 결정됩니다.
    - UAM, AAM 항공기는 운용위험(예 : 교통, 날씨, 지형, 장애물 등)을 감지하고 적절한 경우 자동으로 회피기동을 실행할 수 있는 장비를 갖추고 있습니다. 감독 및 개입은 가능하나 필수는 아니며 항공기는 충돌 방지, 통행 권리 및 규정에 따라 운항합니다.
    - 항공기에는 자동으로 이착륙할 수 있는 장비를 장착합니다. ConOps (Concept of Operations, 모든 이해 관계자에게 정량적 및 정성적 시스템

특성을 전달하는 운용 개념)는 UAM, AAM, 무인 eVTOL(electric Vertical Takeoff and Landing, 전기동력 수직이착륙) 항공기와 작동에 긴밀하게 통합될 보완 지상 시설로 구성되는 항공기 시스템으로 정의합니다.
- 지상 시설은 일반적인 항공기 운용관리 및 비행 지원 기능뿐만 아니라 항공기설계에 따라 지상의 자동화, 탑승 조종사가 수행하는 일부 또는 필수기능을 제공합니다.
- UAM 항공기는 해당 검증기관이 정의한 규정(감항성 인증 요구사항)을 충족하여야 합니다.

● UAM, AAM 항공기 항공전자 장비는 자동비행 및 운용할 공역에 대한 성능 기반 요구사항을 충족하는 CNS(통신항법감시시스템, Communication, Navigation and Surveillance systems) 기능을 포함합니다.
- UAM CNS를 검토하는 경우 UATM(UAM Air Traffic Management)와 UTM (UAS(Uncrewed Aircraft System) Traffic Management) 간 인프라 공유를 위해 CNS 기술 호환성을 고려해야 합니다.
- 도심 환경에서 sUAS(small Uncrewed Aircraft Systems)는 UAM 운영에 위험 요소가 될 수 있으므로, 비협력적 sUAS를 감시하고 협력적 sUAS를 UAM 운영환경에 통합할 필요가 있습니다.
- 5G 및 6G에 포함 예상되는 기술(네트워크(Network) 슬라이싱(Slicing, 리스트나 문자열 등의 연속적인 객체들의 범위를 지정해서 객체들을 가져오는 방법), 위성통신 포함, 포지셔닝(Positioning), 사이드링크(Sidelink, 데이터 트래픽(Data Traffic)의 전송과 수신에 기지국이 관여하지 않고 기기끼리 직접 통신할 수 있도록 하는 5G 시스템 설계의 핵심 토폴로지 (Topology, 컴퓨터 네트워크의 요소들(링크, 노드 등)을 물리적으로 연결해 놓은 것, 또는 그 연결 방식))은 UAM, sUAS 모두에 서비스 제공이 가능합니다.
- 공항 주변에서는 기존 CNS 장비 활용성과 ATM(Air Traffic Management) 시스템과의 데이터 공유가 필요합니다.
- 비(非)허가 대역 RF(Radio Frequency) 초음파센서 및 원격(Remote) ID의 경우 정밀도, 안정성 등의 성능에 따라 드론(Drone) 등 낮은 리스크(Risk, 손실 우려) 위험이 있는 항공기 및 임무에 주로 사용합니다.

## ■ 운송시스템 원칙

| 항공운송시스템에서 사용되는 지침, 모범사례 및 권장 절차 ||
|---|---|
| 구 분 | 세부 내용 |
| C2 데이터링크<br>(Command and<br>Control Data Link) | • UAM, AAM 항공기에는 항공기를 지상의 FOC(Fleet Operation Center) 연결하는 C2 데이터링크가 장착됩니다.<br>• C2 데이터링크가 중단되면 항공기는 미리 결정된 링크(Link) 손실 작동 상태(특정 링크 손실 비상절차)에 진입합니다. |
| 사이버 보안 | • UAM AAM 항공기 및 관련 시스템에는 강력한 보안이 필요합니다. 즉 의도적이거나 의도하지 않은 사이버 공격에 대한 보호 및 탄력성을 위한 사이버 보안을 의미합니다. |
| 운용자 인증 | • UAM AAM 항공기 운용자는 FAA(Federal Aviation Administration) 14 CFR Part 135 또는 Part 121에 따라 인증됩니다. |

- C2 데이터링크 장비는 항공기에 설치될 TSO(Technical Standard Order) 승인 라디오와 지상 라디오를 FOC(Fleet Operation Center)와 연결하는 안전하고 결정적이며 지연 시간이 짧은 지상 인프라로 구성됩니다. UAM 운용이 주파수 정체 또는 경로상의 링크 손실 상태로 인해 부정적인 영향을 받지 않도록 비행계획 일부로 주파수 및 스펙트럼 예약이 필요합니다.

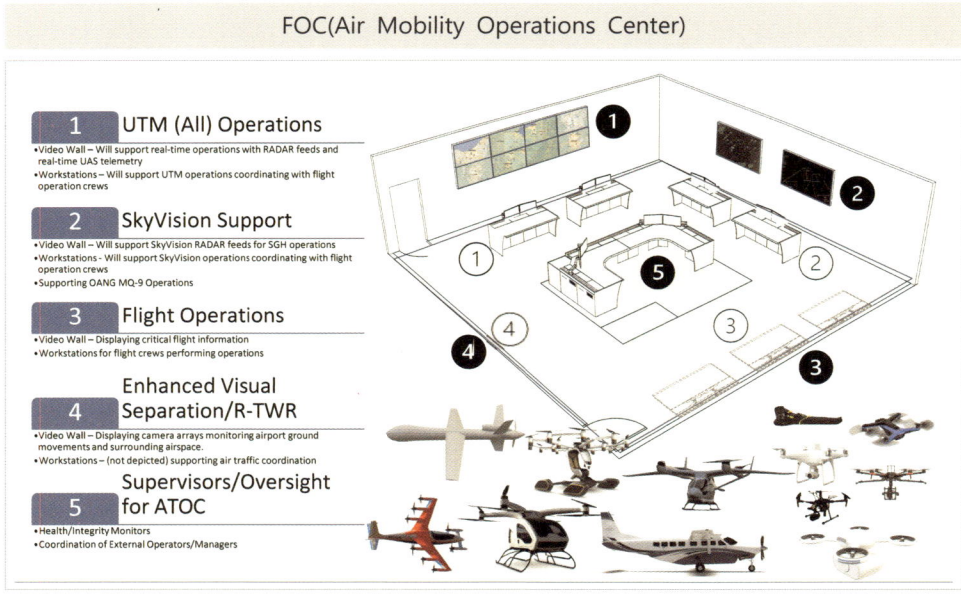

* 출처 : Ohio AAM Planning Framework 2022.10.6.

- C2 데이터링크는 MVS(Multi-Vehicle Supervisor)는 UAM 생태계의 운용 속도와 효율성을 유지하고 항공기 관제를 위해 필요합니다. 이를 통해 UAM 항공기 라우팅(Routing) 및 운용에 대한 실시간 통신과 시스템 수준 최적화가 가능해집니다.
- C2 데이터링크는 VHF(Very High Frequency) 무선을 통한 ATC(Air Traffic Control, 항공교통관제) 음성 통신용 중계기로 사용될 수 있습니다. 이 경우, 기내 VHF 무선을 통해 C2 링크를 통해 ATC 음성전송과 관련된 대기 시간을 제한하여 항공기의 음성 통신이 동일 주파수에서 기내 승무원 방송으로 인해 부정적인 영향을 받지 않도록 해야 합니다.
- 항공기가 C2 데이터링크 연결이 끊기게 되는 경우 링크 끊김 비상 작동 모드로 되돌아갑니다. 이는 더 큰 규모의 UAM 환경의 효율성을 감소시키겠지만, 안전이 위협받는 비상사태는 아닙니다. UAM 항공기는 링크 상실 상태 동안에 운용 안전을 유지하기 위해 충분한 탑재 자동화를 수행할 것입니다.

## ■ MVS(Multi-Vehicle Supervisor)

- 무인 UAM 항공기는 FOC(Fleet Operations Center) 위치한 감독관에 의해 관리됩니다. 각 항공기 감독관은 배정된 PIC(Pilot-In-Command, 항공기의 조종사)가 되지만 조종 기능은 자동화(항공기 및 FOC 내(內)) 되므로 원격 조종사 역할을 하지 않으며 다수의 항공기를 관리하는 MVS(Multi-Vehicle Supervisor)로 정의합니다.

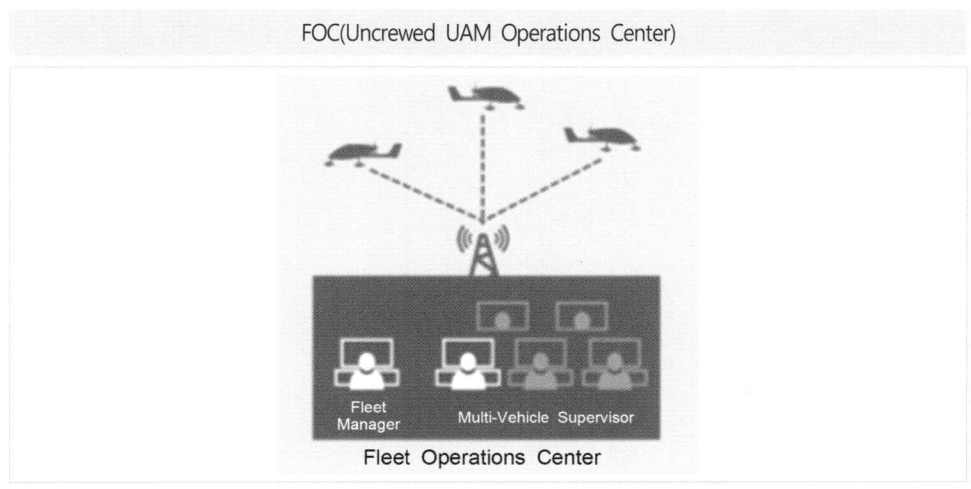

*출처 : Concept of Operations for Uncrewed Urban Air Mobility, Boeing, 2022

- MVS의 주요 원칙
    - MVS의 감독하에 UAM 항공기에 탑재된 항공 전자장비가 자동으로 비행을 실행합니다. MVS는 항공기가 C2(Command and Control) 링크(Link)를 잃지 않는 한 UAM 항공기의 모든 자동화 및 자동 동작을 무시할 수 있습니다.
    - MVS는 최대 3대의 다중 UAM 항공기에 대한 책임을 부여합니다. 그러나 UAM 생태계가 더욱 발전함에 따라 장기적으로는 3대 이상의 항공기에 대한 권한을 갖게 될 것으로 예상합니다.
    - MVS 스테이션(Station)은 MVS가 항공기에 감독 지침을 제공해야 하는 경우는 적으나 충분한 운용 인식(예 : 항공기 제한, 공역 제약 등)을 보장하는 필요한 정보입니다.
    - MVS는 비행 전과 비행 중에 위험한 조건(예 : 교통, 날씨, 지형, 장애물 등)을 회피하기 위해 비행계획 및 관련 궤적(Trajectory)을 확인할 책임이 있으며 현재 경로에서 항공기가 위험에 직면할 것으로 판단 시 항공기의 경로를 변경하여 위험회피를 실행합니다.
    - MVS는 운용, 공역 또는 ATC(Air Traffic Control, 항공교통관제)와의 계약에 따라 ATC와의 양방향 음성통신을 설정하고 유지할 책임이 있습니다. 기본 통신 기능의 자동화는 MVS의 활동을 간소화합니다. 여러 MVS 간의 상호작용으로 항공기를 인계하는 방법(예 : 교대 변경 중)에 관한 절차가 확립되고 검증기관의 승인을 받게 됩니다.
    - UAM 항공기에 긴급 상황이 발생하거나 단일 MVS의 집중적인 주의가 필요한 비상 상황이 발생할 경우, MVS의 감독하에 다른 항공기를 인도하는 비공식 절차로 전환합니다.

## 3 인프라 운용 영역

- TSP(Third-party Service Provider, 제3자 서비스제공자)는 안전한 항공기 운항을 위해 필요한 데이터, 기능(예 : 기상정보)을 포함하여 UAM 생태계를 전반적으로 활성화 필요 서비스를(예 : 다중 모드(Mode) 운송 서비스에서 제공되는 항공편 시스템 예약 등) 제공함으로써 UAM 운용을 가능하게 합니다.
- 현재 탑승 조종사가 수행하는 주요 기능을 대체할 지상 기반 솔루션은 UAM 운용자 및 ATC(Air Traffic Control, 항공교통관제)와는 별도로 독립체인 TSP로부터 제공됩니다.
- TSP(Third-party Service Provider, 제3자 서비스제공자)와 해당 서비스에는 다음과 같은 주요 원칙이 적용됩니다.
  - TSP가 제공하는 서비스는 안전한 UAM 항공기 운용과 생명 안전보장에 매우 중요하며 TSP 시스템의 분산 특성을 고려할 때 사이버 보안은 핵심 설계 요구사항이 될 것입니다.
  - TSP는 데이터 및 기능을 기반으로 하는 정보제품을 제공하며 NOTAM(Notice to Airmen, 항공고시보) 데이터베이스(Database)를 제공할 수 있지만 해당 NOTAM에 의해 부과된 제한사항을 고려하여 최적화된 비행경로를 제공할 수도 있습니다.
- 제공할 서비스에 관한 주요 가정은 다음과 같습니다.
  - TSP(Third-party Service Provider, 제3자 서비스제공자)는 트래픽(Traffic)에 대해 FOC(Fleet Operations Center)에 지연시간 없이 데이터를 제공하며 서비스의 품질은 UAM 항공기가 명확한 상태를 유지하고 다른 항공기와의 충돌을 회피할 수 있다는 것을 의미합니다.
  - UAM 운용자는 TSP가 제공하는 위험 날씨에서의 비행을 피하고 복잡한 저고도 환경의 특이한 날씨 및 매우 강한 바람의 변화 등 기상정보를 제공받아 문제를 해결합니다.
  - TSP는 C2(Command and Control) 데이터링크 인프라를 구현하고 유지하며 UAM 항공기 운항에 필요한 결정적이고 예측이 가능한 C2 링크 범위를 제공합니다.

- TSP는 검증된 데이터베이스와 비행계획, 계기 비행 절차수행, 수직이착륙 가용성 현황 등에 필요한 실시간 데이터를 산출합니다.

● 단기적으로 낮은 운용 속도에서 AAM(Advanced Air Mobility) 환경은 기존 인프라로 운용을 지원할 가능성이 높습니다. 그러나 운용 속도가 빨라짐에 따라 현재 인프라 솔루션은 수요를 충족하는 데 적합하지 않을 수 있습니다. 안전하게 확장할 수 있는 기능을 지원하려면 새로운 기술 및 인프라와의 통합이 필요할 것입니다. 이에 대한 예는 도시에서 CNSI(Communication, Navigation, Surveillance, and Information)를 지원하기 위해 배치된 추가 시스템입니다.

● 예측 기능을 위한 지역 및 분산 기상 센서와 공역관리와 항공교통관제시스템의 통합도 필요합니다. 그러나 관련 기술 및 인프라 변경 사항이 확인되면 구현하기 전에 제안된 변경 사항 및 그 영향에 대한 더 많은 이해가 필요합니다. 잠재적인 영향은 재충전 서비스를 제공하는 시설의 전기 그리드와 같은 지역 인프라에 있을 수 있습니다. 유사하게, 대체 연료가 필요할 수 있으며, 이는 특별한 결과를 초래할 것입니다.

● 취급 및 보관 요구사항과 잠재적인 환경 및 건강 영향에 대한 이해와 공공 안전 및 보안 요구사항은 또한 대응 노력을 위해 버티포트(Vertiport)를 활용하는 것뿐만 아니라 시설의 사고에 대응할 수 있는 능력도 고려해야 합니다. 버티포트 배치에 대한 커뮤니티 형평성 고려와 요구사항은 물론 운용이 지역시설을 넘어 복합 운송과 통합되는 방식도 고려해야 합니다.

● 버티포트는 제공된 서비스와 함께 헬기장 또는 유사한 시설의 특성 및 제한을 정의하는 ICAO Annex 14 Volume 2의 초기 활용을 가능하게 하는 헬기장과 몇 가지 유사점을 공유합니다. 초기 영감을 위해 헬기장을 사용하면 필요한 표시, 조명, TLOF(Touchdown and Lift-off) 영역 및 FATO(Final Approach and Takeoff Areas, 최종 접근 및 이륙) 영역의 정의 및 치수와 관련된 요소가 포함된 버티포트의 초기 개념 설계에 대한 통찰력을 얻을 수 있습니다.

● 또한 공역 통합과 관련하여 안전 관리 및 계획된 비행궤적, 조직, 고려 사항이 버티포트와 헬기장 모두에서 공통적으로 적용됩니다. 또한 eVTOL 항공기의 비행 특성과 신뢰성은 기존 헬리콥터와 다르므로 대부분의 헬기장 요구사항은 안전 기반

- 접근방식을 사용하여 조정하고 지역 특성에 미치는 영향을 고려해야 합니다.
- FAA는 버티포트 디자인에 대한 Engineering Brief No. 105를 발표했으며 ASTM (American Society for Testing and Materials) 표준 운용 그룹도 새로운 사양을 발표하였습니다. CASA(Civil Aviation Safety Authority)와 EASA(European Union Aviation Safety Agency)에서도 버티포트 설계 지침을 발표했습니다. 이러한 간행물은 고려 사항 및 지침을 개선하는 역할을 하는 버티포트 인프라 사양에 대한 추가 지침을 제공하였습니다. 버티포트 시설의 구축 및 후속 운용의 수용과 관련된 다른 많은 요소와 요인을 더 잘 이해하고 설명하기 위한 운용이 진행 중입니다.(5장 버티포트 권장 물리적 형상 참조)
- 아래 그림은 EASA의 버티포트 디자인을 보여줍니다.

**Prototype Technical Specifications for the Design for Vertiport**

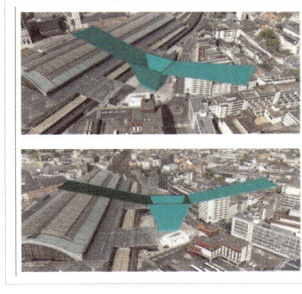

\* 출처 : EASA issues world's first design Specifications for the Design for Vertiports, 2022

- 항공기의 안전한 이동을 지원하기 위해 버티포트에는 어떤 기술이 필요한지, 어떤 유형의 서비스가 일상적으로 제공되거나 필요에 따라 제공될 수 있는지를 고려해야 합니다. 또한 버티포트는 다양한 전통적 장소와 비전통적 장소(예 : 수면 위 구조물, 옥상)에 위치할 가능성이 높으며 다양하고 새로운 유형의 건축 자재를 사용할 수 있습니다.
- 버티포트는 다양한 항공기 에너지원 설계 및 운용에 관계(예 : 재충전 일정 수립)되며 지역 사회에 대한 환경적 영향을 고려하여야 합니다. 이러한 문제는 지역 주민에 대한 형평성 및 사회경제적 문제에 대한 평가적 차원에서 관계됩니다. 현재 버티포트가 도시 또는 지역의 전체 교통인프라에 어떻게 통합되는지 이해하는 것은 초기 단계입니다.

- VM(Vertiport Manager, 버티포트 관리자)
  - 각 공항 VM은 다음과 같은 주요 원칙이 적용됩니다.
    - 리소스(resource) 보장 : VM(Vertiport Manager)은 수요와 운용 역량의 균형 유보(Applicable, 예 : FATO(Final Approach and Takeoff Area, 최종접근 및 이륙구역))에 대한 보증을 제공하여야 합니다. 특히 eVTOL(electric Vertical Takeoff and Landing) 항공기는 완전한 전기 설계로 인해 호버링(Hovering, 제자리에서 정지 비행을 하는 것) 및 경로 재지정 기능이 제한되어 있으므로 이러한 보증이 필요합니다.
    - VM(Vertiport Manager)은 자신이 제어하는 로컬(Local), 분리(Separation)에 대한 권한을 유지합니다. 그러나 공역에 대한 권한은 ATC(Air Traffic Control, 항공교통관제)에 있습니다.
  - 버티포트(Vertiport, 수직이착륙장)에는 다음과 같은 주요 가정이 적용됩니다.
    - VM은 계획, 목적 및 실시간 충분한 버티포트 환경에 대한 운용인식을 보장하는 데 필요한 정보를 제공합니다.
    - UAM 항공기가 비공식 절차에 따른 성능 저하 상태 유발 및 긴급 상황에서는 VM의 주의가 요구됩니다.

# 4  승객의 이동 경로

■ 상업용 승객은 UAM, AAM 항공기 운항의 주요 소비자가 될 것이며 아래 그림은 승객의 관점에서 여정을 보여 줍니다.

* 출처 : Roland Berger Advanced Air Mobility : Market study for APAC, February 16, 2022

## ■ 예약 및 체크인

- 승객은 온라인 예약 애플리케이션(Application)을 통해 기존 항공편의 좌석을 구매하거나 새로운 항공편을 요청합니다. 예약 플랫폼 서비스 제공자가 다중 모드 서비스 제공자 역할을 하는 경우 승객은 필요한 경우 동일 플랫폼을 통해 지상 교통을 예약할 수 있습니다.
- 승객은 예약 플랫폼 서비스 제공업체의 고객 지원팀에 문의할 수 있으며 예약 신청, 항공편 일정 변경 또는 취소에 대한 도움을 받으려면 데스크에 문의합니다. 승객이 버티포트에 도착하면 현장 승객 환대 서비스는 예약을 확인하고 보안 및 수화물을 검사합니다.

## ■ 출발, 비행 및 도착

- 승객은 항공편에 탑승하기 전에 음식과 음료를 즐길 수 있으며 필요한 경우 화장실을 사용할 수 있습니다.
- VM(Vertiport Manager)은 비행 관련 정보를 발표하고 승객은 탑승 시간에 항공기 대기 장소로 안내되어 수화물을 싣고 좌석에 앉게 됩니다. 필요한 경우 탑승 지원이 제공됩니다.
- 항공기에 탑승하면 승객용 디스플레이를 통해 자율비행 순서를 안내하고 원격으로 환대 및 소개를 진행합니다.
- 승객은 비행 중 좌석에 앉아 있어야 하며 좌석 간 통신, 환경제어, 기내 Wi-Fi 및 충전 옵션을 제공합니다. 승객이 원격 승객 환대(필요한 경우)를 통해 대화할 수 있는 도움말 버튼을 사용할 수 있습니다. 또한 승객은 비행 중에 필요한 경우 도움말 버튼을 사용하여 우발상황이나 비상 시나리오를 실행할 수 있습니다.

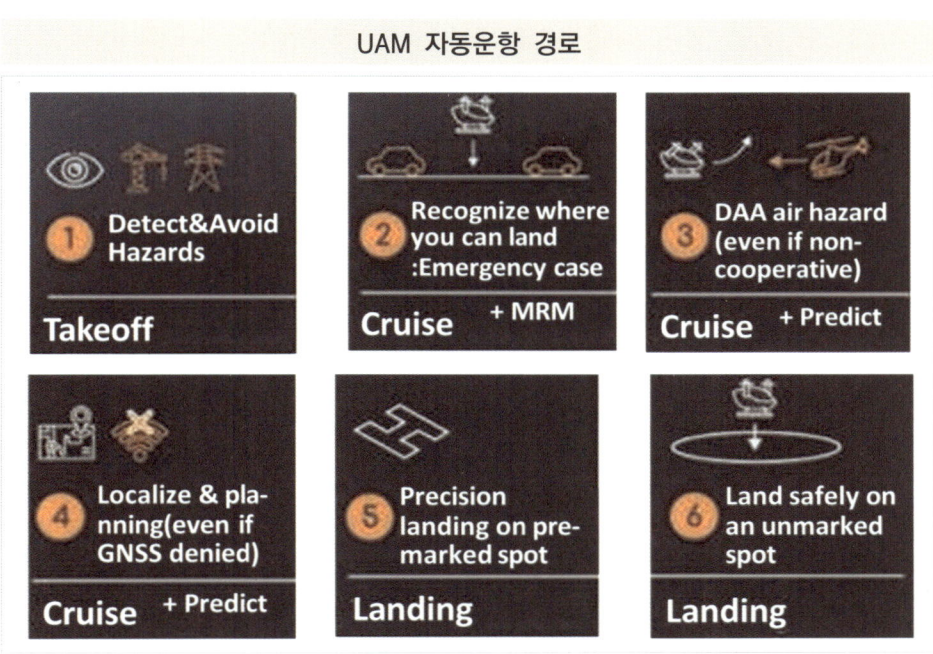

*출처 : UAM 개발 동향 및 인공지능기술의 적용방안, 민경원, 한국전자기술연구원, 2022. 11.4

- 항공기가 목적지 버티포트에 착륙하고 게이트까지 견인된 후 현장 승객 환대를 통해 문이 열리고 승객은 수화물을 확인합니다. 대기장소를 떠나 승객은 서비스 구역을 벗어나 최종 목적지로 계속 이동하게 됩니다.

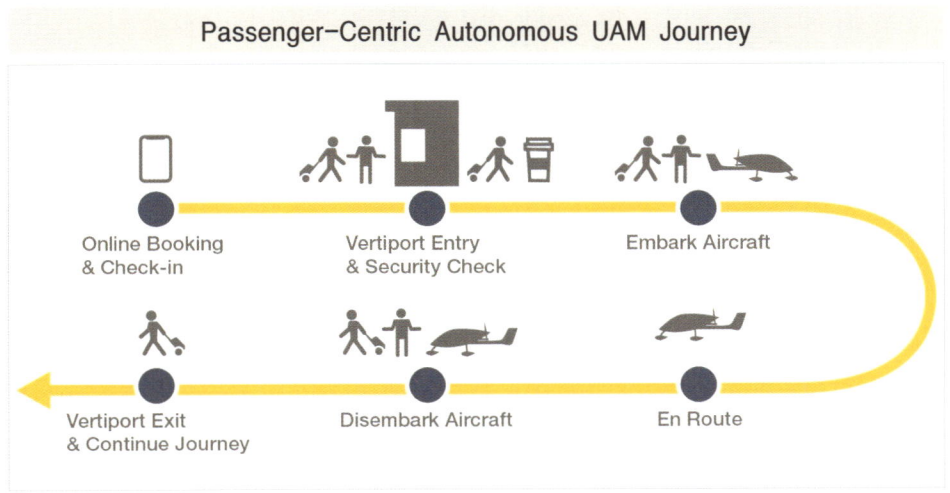

*출처 : Concept of Operations for Uncrewed Urban Air Mobility, Boeing, 2022

제5장

버티포트

# 1 기술 개요

- 버티포트(Vertiport)의 유형은 규모에 따라 버티허브(Vertihub, 허브공항, 다수의 이착륙장 개념), 버티포트(도심 및 주변부 터미널, 두 개 이상의 이착륙장 개념), 버티스탑(Vertistop, 버스정류장, 한 개의 이착륙장, 연계 교통 제한, 비상시 임시 착륙장 개념)으로 구분합니다.

\* 출처 : deloitte analysis, 2018

- 특히 AAM(Advanced Air Mobility, 첨단항공교통)은 이전에는 접근하기 어려웠던 도시 및 농촌지역을 서비스할 수 있는 항공운송시스템으로써 UAM보다 광범위한 항공 이동성 개념에 따라 초기 AAM, UAM은 버티포트를 중심으로 설계합니다.

- 버티포트(Vertiport : UAM, AAM 항공기의 수직이착륙장)를 위한 인프라 개발은 아직 초기 단계입니다. 그러나 초기 낮은 운용을 위해 현재 인프라 기술을 수정하여 설정될 가능성이 높습니다. 현재 사용되는 모든 인프라 솔루션(Solution)이 무인항공시스템(UAS : Unmanned aerial system) 운용에 대한 미래의 수요 충족에는 부족합니다. 따라서 버티포트 운용의 변화와 함께 인프라 기술 솔루션도 함께 발전되어야 할 것입니다.

| Dallas Vertiport | Vertiport concept(Uber) | Small vertiport concept(Lilium) |

*출처 : electra.aero, eSTOL in AAM, 2021

- UAM, AAM 운용 및 지원을 위해 필요한 인프라 관련하여 항공기는 다양한 설계, 크기, 성능, 의도된 용도 및 에너지원을 가지고 있습니다. AAM 운영은 공항 환경을 넘어 도심, 옥상, 석유 굴착장치 등과 같은 비전통적인 위치로 확장하고자 합니다. 버티포트가 기존 운용 및 커뮤니티에 미치는 영향은 시설 및 지역에 따라 달라집니다. 그러나 상업적 비즈니스 사례에 맞게 의도된 용도에는 필요 업무가 많으며, 이는 기존 인프라 및 기술 시스템의 보안, 안전 및 효율성에 부담을 가져올 것입니다. 추가 개발이 필요한 5대 핵심 기술 영역은 CNSI(Communication(통신), Navigation(항법), Surveillance(감시), Information(정보)), 안전, 전원 공급 및 충전, 보안, 조업(Handling, 항공기가 지상에 주기하는 동안 수행되는 정비 및 보관, 활주로 이용과 관련된 업무) 기술입니다. 기반 시설에서 고려해야 할 다른 영역에는 물 및 폐기물 관리, 쓰레기 수거, 유지 관리 및 기타 정비 기반 시설이 포함됩니다.

- 버티포트 개발의 초기 상태를 고려할 때 향후 운용을 지원하는 데 상당한 격차가 예상됩니다. 버티포트는 크기 및 주변 공역의 복잡성에 따라 위치를 제한할 수 있으며 전력망 용량 및 탄력성의 제한은 시설의 eVTOL(electric Vertical Takeoff and Landing, 전기 추진 수직이착륙) 재충전 및 처리량에 영향을 미칠 수 있습니다. 또한 도시 환경에서 위치한 버티포트의 경우 무선 시야 방해로 인하여 위치, 내비게이션, 타이밍(Timing) 및 통신에 문제가 있을 것입니다. 조업 처리량에는 신뢰할 수 있는 실시간 버티포트 정보(예 : 가용성, 날씨, 일정 등)가 필요하며 시기 적절하고 효율적인 화물 처리, 기술 솔루션이 필요한 승객 관리, 사이버 및 물리적

보안, 버티포트의 위치와 크기로 인해 화재진압과 비(非) 명목상 비상 관리가 어려울 수 있습니다. 인프라 코드(Code), 충전 및 통신시스템의 표준화와 설계 및 CNSI(Communication(통신), Navigation(항법), Surveillance(감시), Information(정보)) 표준, 버티포트 관리자 면허(License) 및 타사의 서비스공급자 승인에 대한 검증에는 상당한 격차가 있을 것으로 예상합니다.

- 기존 인프라에 대한 검증지원 초기 AAM 운용을 위해서는 헬기장(Heliport)과 같은 기존 인프라에 대한 연계가 필요할 것이며, 검증환경은 기존의 규칙과 프레임워크(Framework) 측면에서 혁신이 필요합니다. 따라서 초기 AAM 운용을 가능하게 하기 위해서는 FAA(Federal Aviation Administration) 및 EASA(European Union Aviation Safety Agency)와의 협력이 매우 중요합니다.

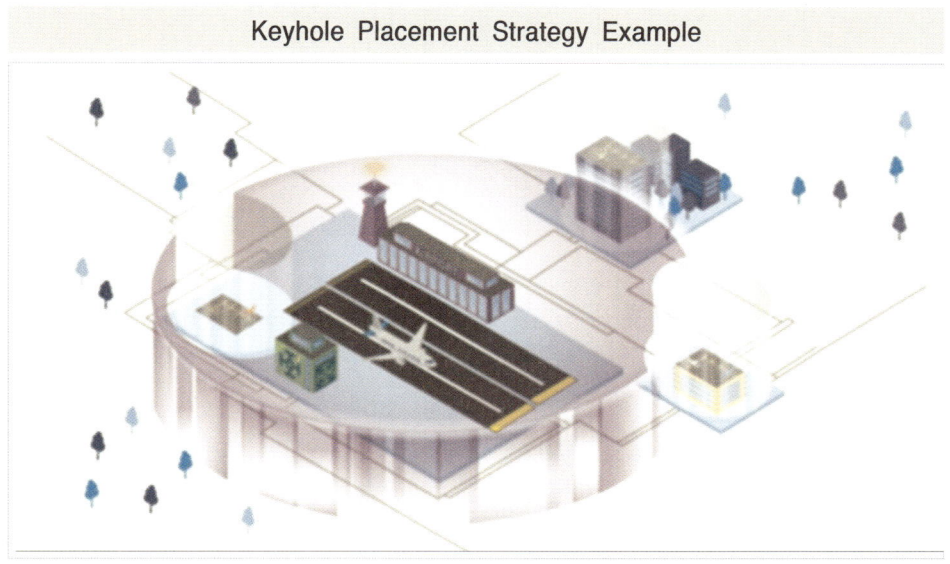

\* 출처 : Concept of Operations for Uncrewed Urban Air Mobility, Boeing, 2022

- AAM, UAM 관련 기업은 기존 인프라와 공역을 사용하여 초기화에서 가속화로 전환하는 노력이 필요합니다. AAM 운용은 새로운 기반 및 인프라스트럭처(Infrastructure : 기간시설)을 추구하는 동시에 기존 프로세스, 형태 및 데이터베이스(Database, DB)를 포함하여 업데이트(Update), 개선 및 합리화 필요가 있음을 의미합니다. 따라서 업계는 초기 AAM 운용을 위해 최소한의 검증 프로세스 및 구조변경이 필요한 경로의 혜택을 누릴 수 있을 것입니다.

- 기존과 새로운 인프라는 상호 배타적이지 않기 때문에 기존 인프라에서 원활한 전환을 위해 지원해야 합니다. 또한 상호 결합된 인프라스트럭처(Infrastructure, 기간시설) 솔루션은 모두의 요구에 부합되지 않을 수 있으므로 다양한 활용 사례의 요구에 맞는 유지·구축하는 데 중점을 두어야 합니다.

- 버티포트 토지사용 기준

| 토지 사용 기준 | 세부내용 |
| --- | --- |
| 소유권 | • 버티포트 인프라의 소유자 실체(Entity)인 공공 및 개인법인 의미 |
| 접근성 | • 주거지역의 버티포트에 대한 지지와 반대가 모두 높음<br>• 모든 승객의 접근성을 의미함 |
| 높이 및 소음 제한 | • 주변 환경을 고려한 버티포트 구역 설정 |
| 인접성 | • 인접한 버티포트 또는 공항과의 인접성 |
| 인력 관리 | • UAM과 버티포트 지상 교통의 관리 |
| 서비스의 확장성 | • 서비스 범위의 확장을 통해 외부 요구 대응 |
| 인접 국가 간 규약 | • 인프라의 국제 검증 조항 고려 |
| 공공 안전 | • 버티포트 현장 또는 특정 지역 내 응급 구조원의 필요 여부 |
| 다중 운용자를 위한 시설 | • 다양한 운용자를 수용하는 동시에 그들에게 브랜딩(branding) 브랜드(이름, 로고, 심벌, 슬로건 등), 상품, 가격, 판매 촉진, 유통, 웹사이트, 직원 등 여러 측면에서 고객이 일관된 기대 제공 |
| 복합 연결성 | • 버티포트와 다른 교통수단(개인 항공기 주기, 대중교통 및 네트워크 기업(TNC : Transportation Network Companies), 자전거 공유 등)에 연결하는 방법 |
| 토지사용 계획 | • 주거용 토지사용에 대한 시각 및 청각적 영향 고려 |

- 버티포트 운용기준

| 운용 기준 | 세부내용 |
|---|---|
| 에너지원 유형 | • 다양한 상황에서 정점에 어떤 유형의 에너지원(전기 등)을 수용해야 하는지 설명<br>• 전기모터를 사용하는 항공기는 주거용 토지 사용에 유리함 |
| 항공기의 크기 | • AAM 항공기의 물리적 크기가 시설 요구사항에 어떻게 영향을 미칠 수 있는지 판단 |
| RON 주기 | • RON(Remain Overnight) 주기장 제공<br>• 준비 및 주기를 위해 타(他) 버티포트로의 비행 여부 |
| TLOF 수량 | • 운용 정점에서 AAM 항공기 주기 위치에 대한 TLOF(Touchdown and Lift Off Area)의 권장비율을 찾는 문제해결 |
| 다양한 항공기의 편의 시설 | • 다양한 항공기유형 및 구성을 수용하기 위한 미래지향적 사고의 적용 |
| GSE 지원 | • 정비, 급유, 보안 및 다음 비행을 위한 항공기 재설정을 위한 지상 서비스 장비(GSE : Ground Support Equipment) 지원 운용 수용 여부 |
| 날씨 관측장비 | • 각 버티포트의 유형에 권장되는 기상 보고 장비의 품질 |
| AAM 유지관리 | • 다양한 유형의 서비스를 수용하기 위한 권장 사항<br>• 버티포트의 각 유형에서 유지보수 활동 |
| 트래픽(traffic) 관리 인프라 | • 특정 크기 이상의 버티포트에는 관련 직원이 대기하여야 함 |

## 2 권장 물리적 형상

- FAA(Federal Aviation Administration, 2022, 2023)는 Engineering Brief #105, 버티포트 디자인을 통해 수직이착륙(VTOL) 운항을 위한 버티포트 설계에 대한 임시지침을 제공하였다. 이 지침은 보다 포괄적이고 성능기반 버티포트(Vertiport) 설계지침서가 수립될 때까지 버티포트 설계에 대한 중간 및 개선 지침을 제시하였다.

### FAA Draft Engineering Brief #105의 요약

| 운용 기준 | 세부 내용 |
|---|---|
| 공간 제약 | • TLOF(Touchdown and Lift-Off Area, 이착륙지역) : 항공기 크기 및 유형을 기준으로 함<br>• 제어 치수(Controlling Dimension, CD)는 항공기에서 가장 바깥쪽에 있는 두 지점 사이의 가장 긴 거리로 정의<br>• FATO(Final Approach and Takeoff Area, 최종 접근 및 이륙구역) 너비와 길이는 CD의 두 배임<br>• 안전지역은 CD의 ⅓임 |
| 접근·출발 표면<br>(높은 건물 사이에 착륙하려는 대도시 지역에 있는 경우 적용) | • 버티포트에 대한 장애물제한표면은 헬기장과 동일하게 적용하여 기본표면과 접근표면, 전이표면으로 구성함.<br>• 기본표면은 FATO와 일치하며, 접근 표면은 수평으로 1,219m, 폭은 152m, 경사도는 8 : 1을 적용함<br>• 전이표면은 경사도 2 : 1, 확장 거리는 기본표면에서 76m임. |

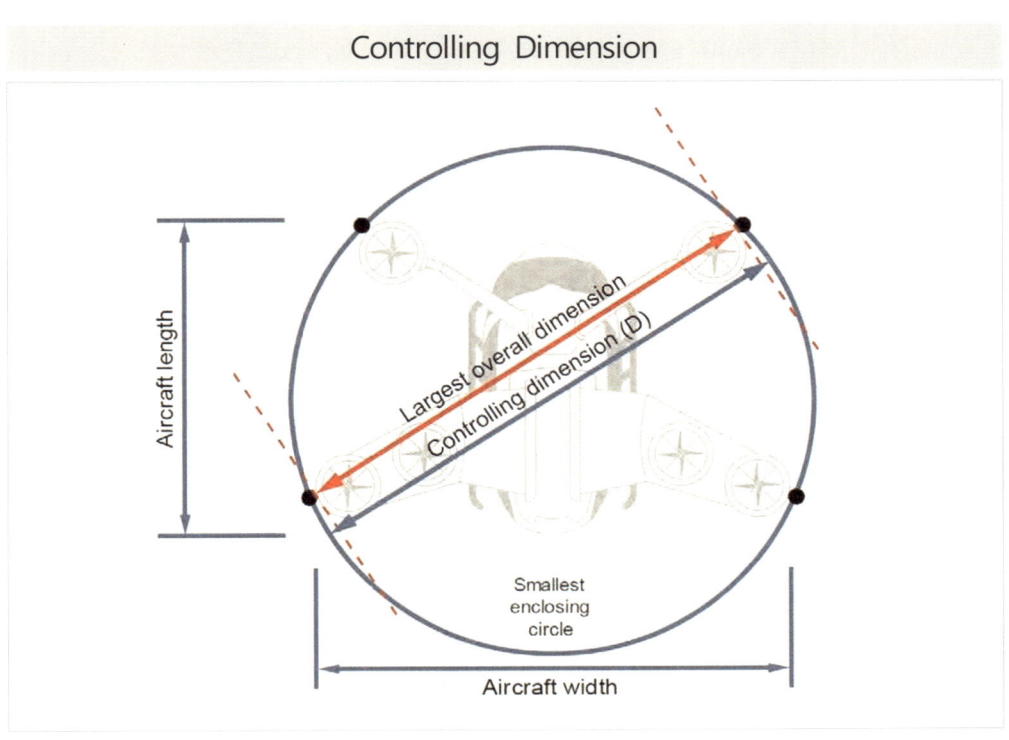

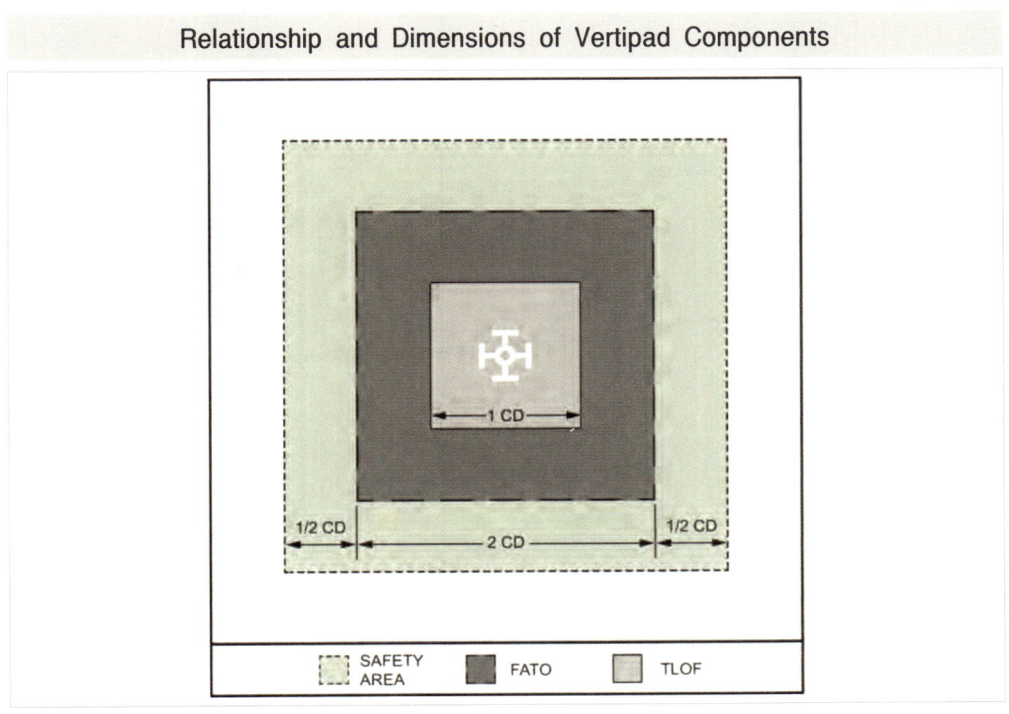

*출처 : FAA Draft Engineering Brief #105, 2022

제5장 버티포트

## FAA Airports Engineering Brief No. 105, Vertiport Design

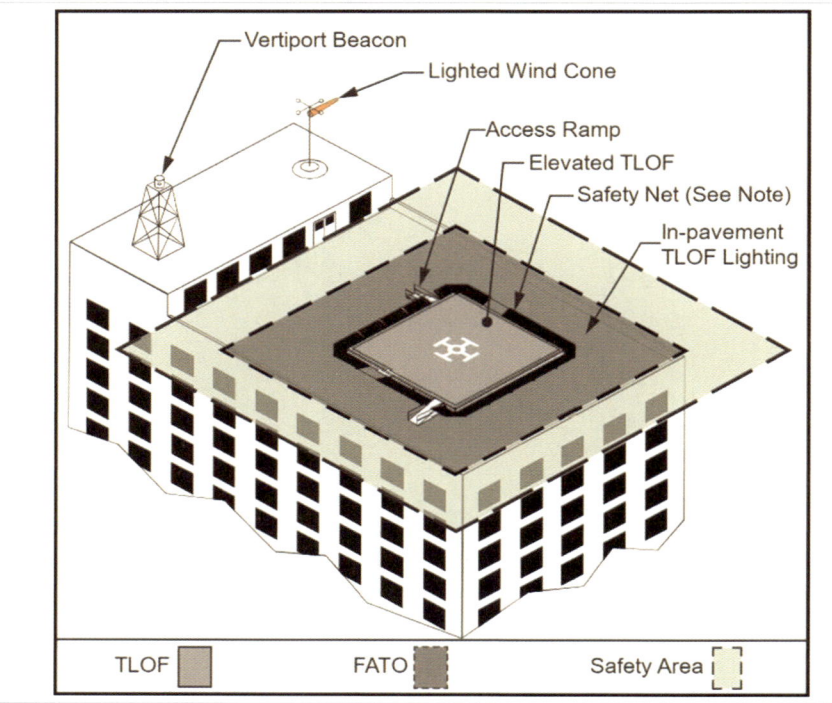

## Vertiport Gradients and Rapid Runoff Shoulder

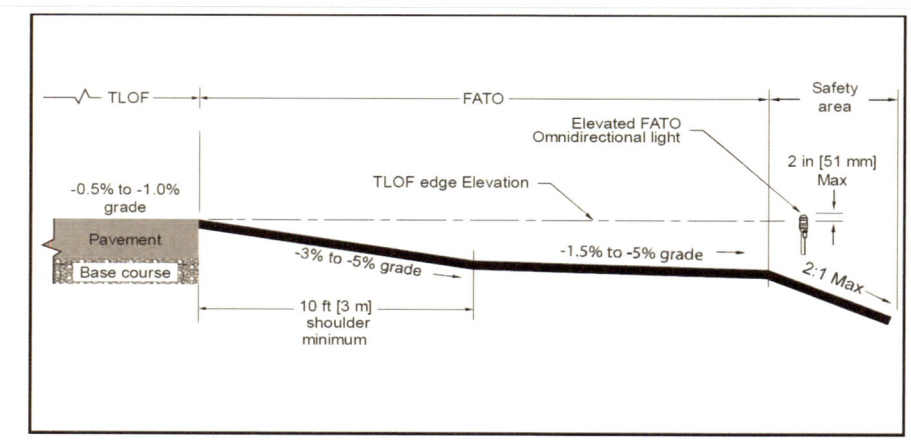

Note 1 : The slope direction is based on the topography of the site.
Note 2 : Grade the TLOF(Touchdown and Lift-off), FATO(Final Approach and Takeoff Area), and Safety Area to provide positive drainage of the entire area for the TLOF, FATO, and Safety Area.
Note 3 : 2:1 maximum Safety Area gradient for vertiports at ground level or where applicable at elevated structures

*출처 : ENGINEERING BRIEF #105 Vertiport Design, FAA. 2023

## VFR Vertiport Approach/Departure Surfaces

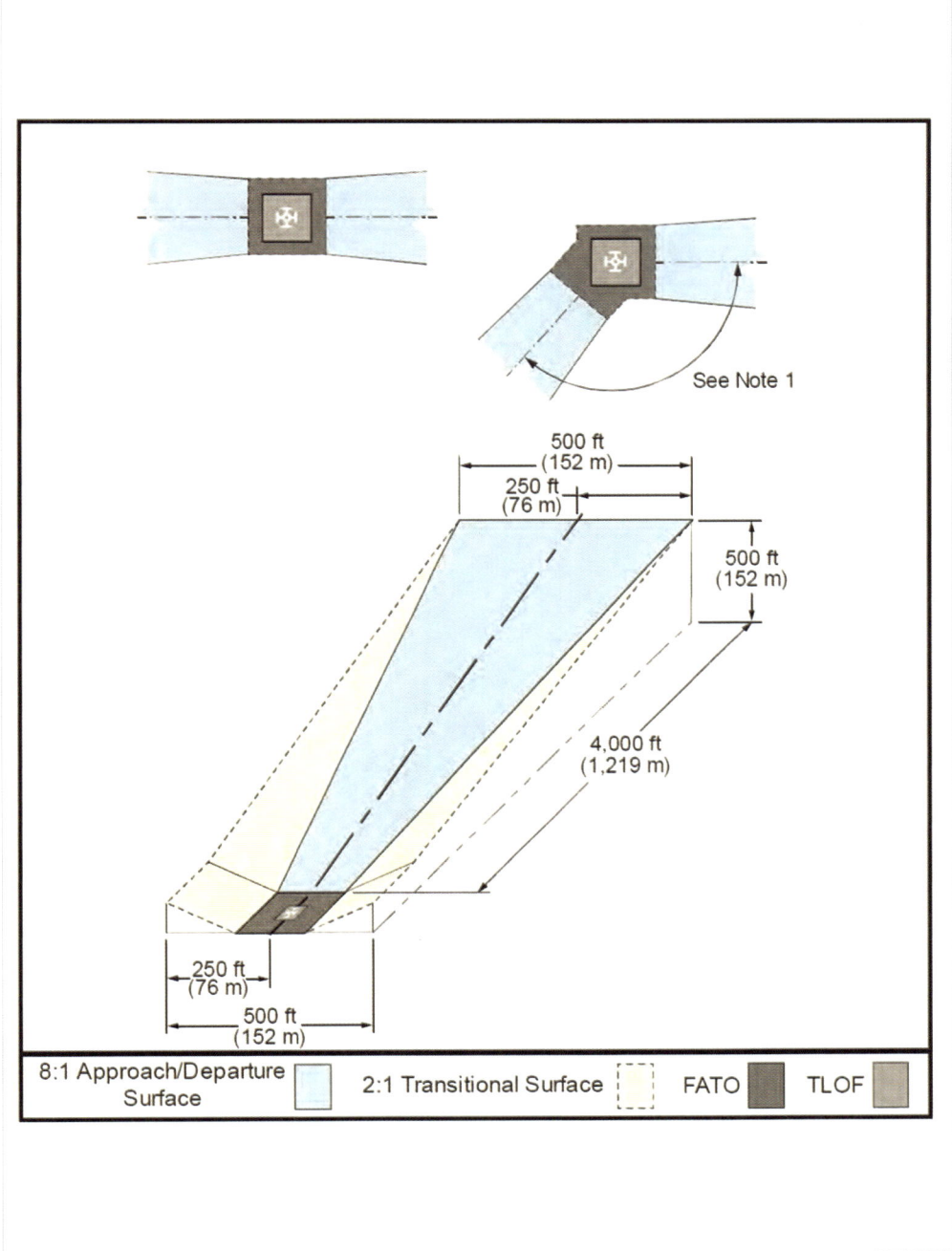

Note 1 : The preferred approach/departure surface is based on the predominant wind direction. Where a reciprocal approach/departure surface is not possible in the opposite direction, use a minimum 135-degree angle between the two surfaces.

## Standard Vertiport Marking

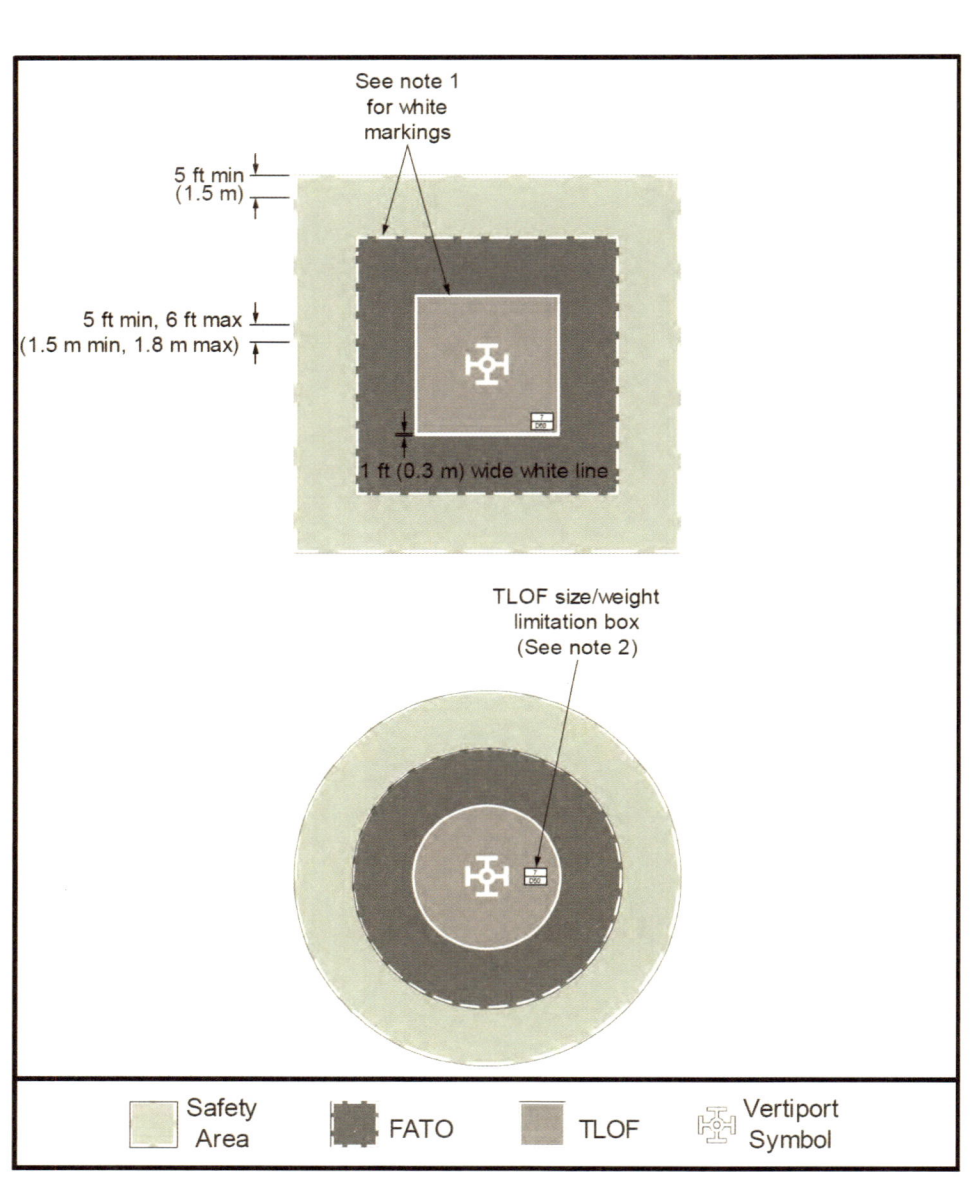

Figure is configured for 50-foot(15.2 m) TLOF.
Note 1 : Solid and dashed white lines are 12 inches(305mm) in width. Dashed lines are 5-foot(1.5m) in length with 5-6-foot(1.5-1.8m) spaces.
Note 2 : See for details on the TLOF size/weight limitation box.

## Vertiport Identification Symbol

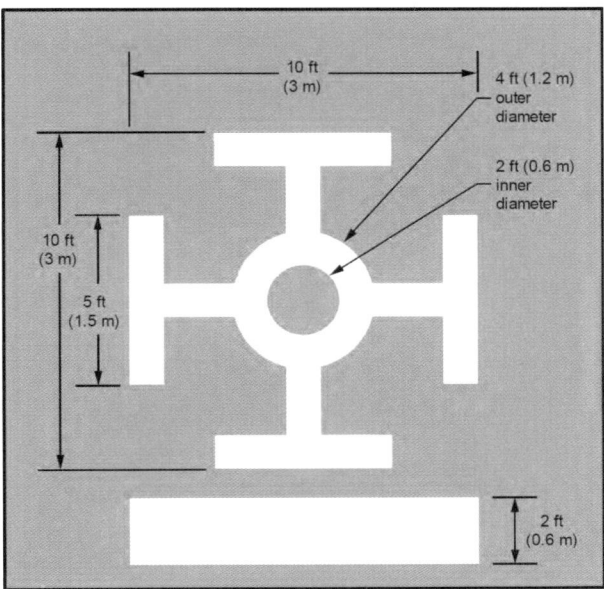

Note 1: White lines on the vertiport identification symbol at 12 inches(305mm) wide.
Note 2: White bar, 10ft´2ft(3m´0.6m), denotes preferred approach/departure direction

## TLOF size/weight limitation box

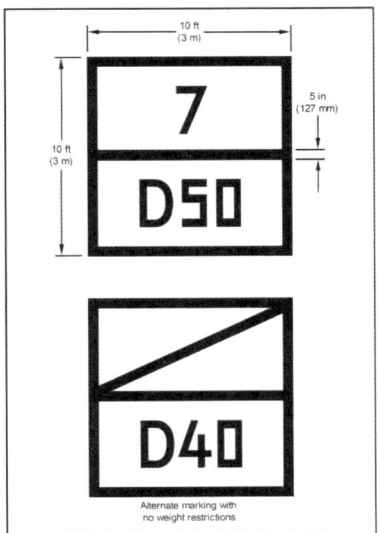

Note: Make the minimum size of the box 5ft (1.5 m) square. Where possible, increase this dimension to a 10ft(3 m) square for improved visibility.

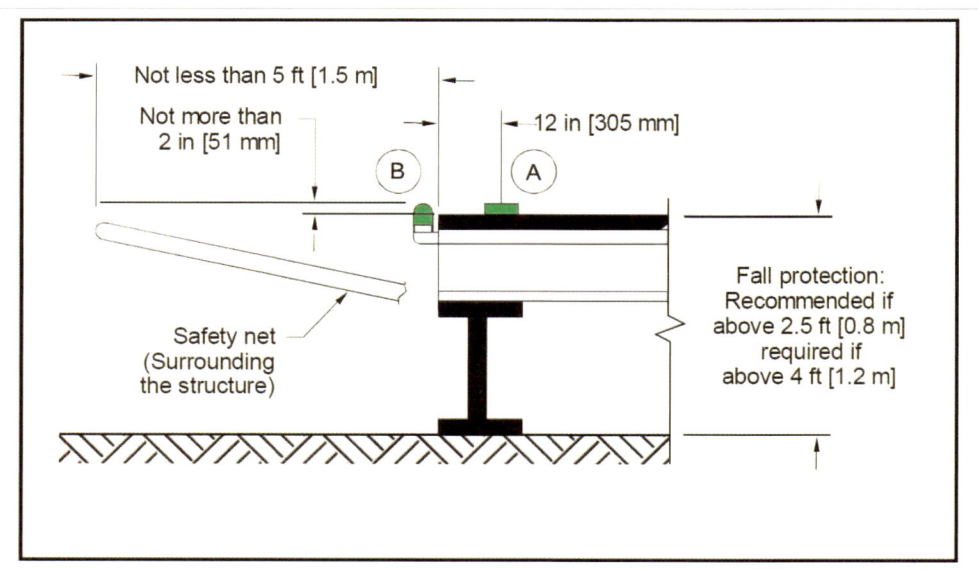

Note1 : Install either "A"TypeL-852H, or "B" Type L-861H.
Note2 : In-pavement edge light fixtureⒶ(TypeL-852H).
Note3 : Omnidirectional light Ⓑ, mounted off the structure edge(TypeL-861H).
Note4 : Ensure elevated lights do not penetrate a horizontal plane at the TLOF elevation by more than 2 inches(51mm).
Note5 : For TLOF and FATO lighting standards, see EB87.
Note6 : A safety net's supporting structure should be located below the safety net.

### Recommended Minimum Distance between Vertiport FATO Center to Runway Center line for VFR(Visual Flight Rule) Operations

| Reference VTOL Aircraft MTOW | Airplane Size | Distance From Vertiport FATO Center to Runway Center line |
|---|---|---|
| 12,500 pounds (5,670kg) or less | Small Airplane(12,500pounds (5,670kg) or less) | 300feet(91m) |
| 12,500 pounds (5,670kg) or less | Large Airplane (12,500-300,000pounds(5,670-136,079kg)) | 500feet(152m) |
| 12,500 pounds (5,670kg) or less | Heavy Airplane (Over 300,000 pounds (136,079 kg)) | 700feet(213m) |

Example of an On-airport Vertiport

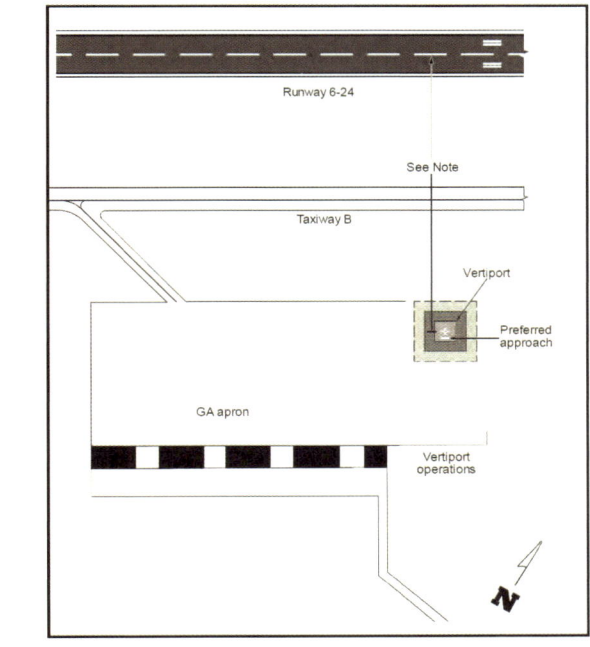

Note: Figure does not reflect every type of configuration.

Vertiport Caution Sign

- FATO(Final Approach and Takeoff Area, 최종 접근 및 이륙구역) 및 TLOF (Touchdown and Lift Off Area) 외에도 버티포트에는 승객을 위한 터미널 건물 및 통로, 유도로 및 게이트(Gate), 주기장 및 대기 장소가 포함됩니다. 이러한 요소는 이동 영역 외부에 있으며 다음을 제공합니다.
    - 항공기 탑승 및 하차를 위한 승객 접근, 충전을 위한 전력 및 냉각 설비
    - 비행 노선 유지 관리를 위한 구역, UAM 항공기 주기를 위한 조항
- 이러한 각 요소는 명확하게 표시되어야 하고, UAM 항공기에 맞는 장비로, 의도된 작동과 호환되어야 합니다. 이러한 요소는 기존 또는 예상되는 관련 기관이나 표준 기관과도 일치해야 합니다.
- 버티포트 용량과 유연성은 물리적 레이아웃과 설치공간에 따라 달라집니다. 아래의 그림은 가능한 버티포트 토폴로지(Vertiport Topology)의 예시입니다. 특정 구성 및 제약으로 인하여 항공기 운용이 결정될 수 있으며, 이는 결과적으로 제약과 유연성에 영향을 줄 수 있습니다(예 : 건물 상단에 배치된 버티포트는 물리적 크기가 제한될 수 있습니다.)

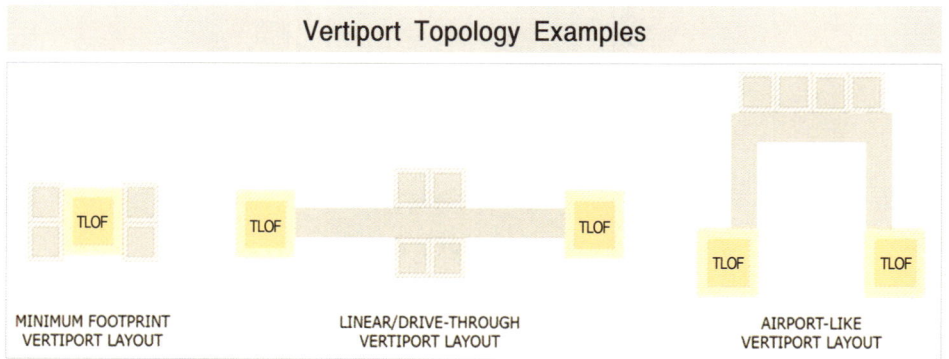

\* 출처 : Concept of Operations for Uncrewed Urban Air Mobility, Boeing, 2022
\* 범례 : 회색 상자(게이트), 노란색 상자(TLOF가 포함된 FATO), 회색(직사각형 유도로)

- 높이와 위치, 운용 지역의 범위, 장애물 제거 분리(Separation), 지상 위험정보 등을 포함한 버티포트의 물리적 특성은 UAM 항공기 운용자에게 제공됩니다. 이러한 데이터는 비행계획 단계에서 위험방지 및 유지 관리를 위해 고려됩니다.

- 운용 안전을 위해 버티포트(Vertiport)에는 적합성 모니터링 및 리소스(Resource) 상태 평가를 위한 전용 센서가 필요합니다.
  - 항공기 착륙 및 이륙, FOD(Foreign Object Damage) 및 일반 점유를 감지하기 위한 FATO(Final Approach and Takeoff Area, 최종 접근 및 이륙구역) 카메라, 센서 등이 필요하며 조류, 소형 무인항공기 등을 감지하기 위해 근거리 공중 감지 시스템을 고려하여야 합니다.

# 3　버티포트 유형

## ■ 도시 버티포트 운용 개념

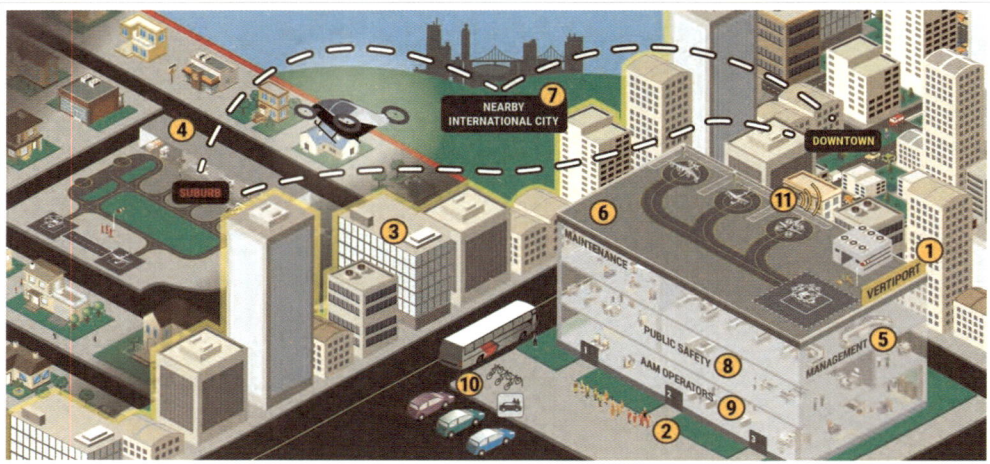

Urban Vertiport Operations Concept

① **Ownership:** Urban Vertiports may be under public or private ownership. However, subsequent recommendations apply regardless of ownership model.
② **Access:** Irrespective of ownership, Urban Vertiports are expected to be accessible and available to all operators and passengers.
③ **Zoning Height Restrictions:** As vertiports are sited in the Urban context, zoning height restrictions should be enacted to protect airspace associated with vertiports.
④ **Adjacent Airport/Vertiport:** Planners need to provide recommendations for the proximity of adjacent Urban Vertiports to limit impacts to other development, congestion and ensuring capacity.
⑤ **Staffed Management:** AAM Traffic will be managed by commercial air navigation providers. Busy, Urban Vertiports will require the capability of having on-site staffing for passenger amenities, security. first responders and other services.
⑥ **Scheduled and Unscheduled Service:** Planning parameters for Urban Vertiports will need to account for both scheduled and unscheduled service, which greatly influences infrastructure requirements.
⑦ **International Processing:** Cities within range of the Canadian border may consider having international processing capabilities.
⑧ **Public Safety:** Urban Vertiports will require planning considerations for security, police, and fire/ emergency medical response.
⑨ **Facilities for Multiple Operators:** While Urban Vertiports should be accessible to all providers, consider provisions for operators' brand identity/amenities.
⑩ **Intermodal Connectivity:** Urban Vertiports will need connection to public transit, TNCs, bike share,and other congestion-reducing transportation modes, Minimize private vehicle parking.
⑪ **Land Use Planning:** Location of Urban Vertiports will be influenced by considerations of noise and visual impacts to surrounding areas, especially residential zones. Compatible development around Vertiport sites should be considered in land use planning.

*출처 : Ohio AAM Framework

## Urban Vertiport Concept

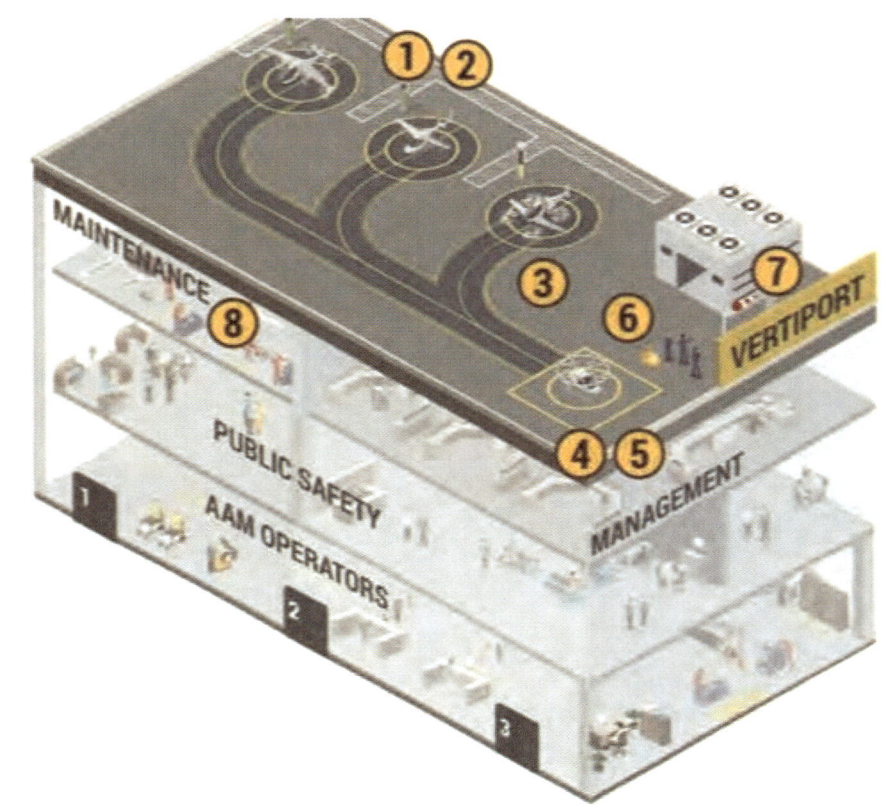

① **VTOL Fuel Type:** Urban Vertiports will provide for electric charging stations. Other fuel types may be accommodated based on National Fire Protection Association(NFPA) requirements but will be individually evaluated based on user needs and site constraints.

② **VTOL Physical Characteristics:** Urban Vertiports will set parameters on aircraft's physical characteristics (e.g. maximum wingspan) that the facilities can accommodate

③ **RON Parking:** Due to Limited space in the urban context, Urban Vertiports will not accommodate remain overnight (RON) parking.

④ **Touchdown and Liftoff Area (TLOF):** The quantity and sizes of TLOFs at Urban Vertiports will depend on capacity analysis and the parameters set for allowable aircraft size. A generalized ratio of one TLOF to three parking positions should be considered for site layout.

⑤ **Diverse Fleet Accommodation:** While Urban Vertiports are designed for next generation VTOLS, consider accommodating helicopter operations

⑥ **Ground Service Equipment (GSE) Support:** Urban Vertiports may require GSE equipment to accommodate the support of passenger operations

⑦ **Weather Observing Instrument and Sensor:** Urban Vertiports will require provision for necessary weather observing instruments and sensors needed by the Vertiport Operational Control Center

⑧ **AAM Maintenance:** Urban Vertiports will require provisions for light maintenance capabilities (e.g. minor part changes) Heavy maintenance will occur elsewhere.

## ■ 교외 버티포트 운용개념

### Suburban Vertiport Operations Concept

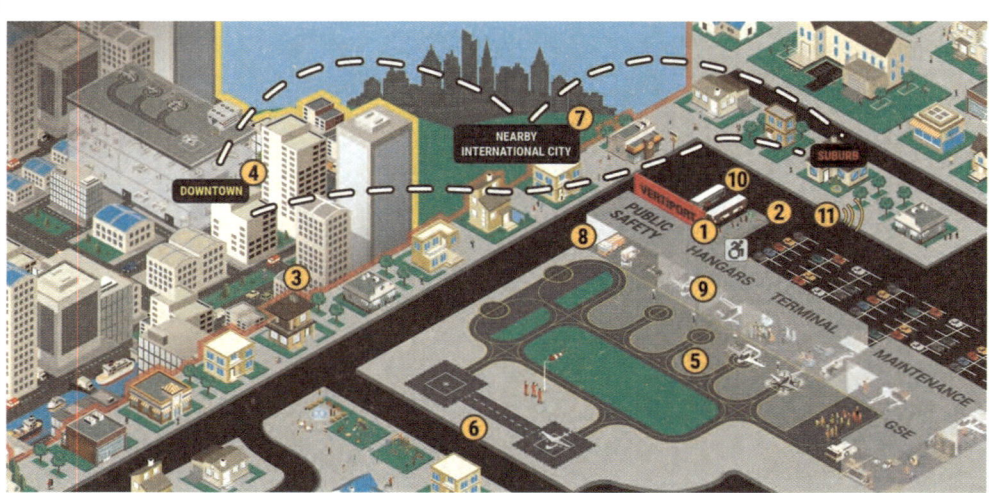

① **Ownership:** Suburban Vertiports may be under public or private ownership. However, subsequent recommendations apply regardless of ownership model.

② **Access:** Irrespective of ownership, Suburban Vertiports are expected be accessible and available to all operators and passengers.

③ **Zoning Height Restrictions:** As vertiports are sited in the suburban context, zoning height restrictions should be enacted to protect airspace associated with vertiports.

④ **Adjacent Airport/Vertiport:** Planners need to provide recommendations for the proximity of adjacent Suburban Vertiports to limit impacts to other development, congestion and ensuring capacity.

⑤ **Staffed Management:** AAM Traffic will be managed by commercial air navigation providers. Busy, Suburban Vertiports will require the capability of having on-site staffing for passenger amenities, security, first responders and other services.

⑥ **Scheduled and Unscheduled Service:** Planning parameters for Suburban Vertiports will need to account for both scheduled and unscheduled service, which greatly influences infrastructure requirements.

⑦ **International Processing:** Cities within range of Canadian border may consider having international processing capabilities.

⑧ **Public Safety:** Suburban Vertiports will require planning considerations for security, police, and fire/ emergency medical response.

⑨ **Facilities for Multiple Operators:** While Suburban Vertiports should be accessible to all providers, consider provisions for operators' brand identity/amenities.

⑩ **Intermodal Connectivity:** Suburban Vertiports will need connections to public transit and TNCs, as well as accommodate private vehicle parking.

⑪ **Land Use Planning:** Location of Suburban Vertiports will be influenced by considerations of noise and visual impacts to surrounding areas, especially residential zones. Compatible development around Vertiport sites should be considered in land use planning.

\* 출처 : Ohio AAM Framework

## Suburban Vertiport Concept

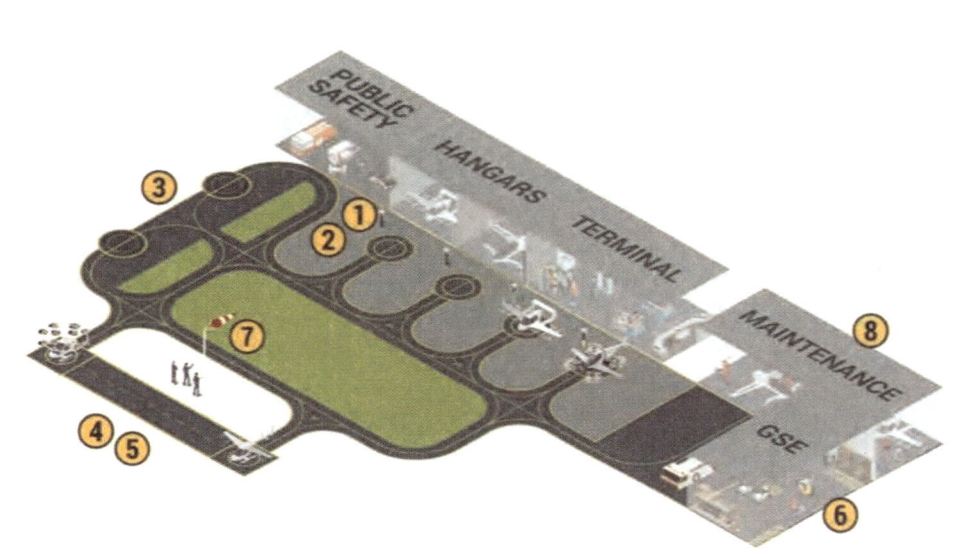

① **VTOL Fuel Type:** Suburban Vertiports will require consideration for fueling capabilities for various types of power/energies.

② **VTOL Physical Characteristics:** Suburban Vertiports will set parameters on aircraft's physical characteristics (eg maximum wingspan) that the facilities can accommodate

③ **RON Parking:** Suburban Vertiport may require areas to accommodate remain overnight (RON) parking.

④ **Touchdown and Liftoff Area (TLOF):** The quantity and sizes of TLOFS at Suburban Vertiports will depend on capacity analysis and the parameters set for allowable aircraft size. A generalized ratio of one TLOF to three parking positions should be considered for site layout.

⑤ **Diverse Fleet Accommodation:** While Suburban Vertiports are designed for next generation VTOLS, consider accommodating helicopter and other next generation STOL (Short Takeoff and Landing) operations

⑥ **Ground Service Equipment (GSE) Support:** Suburban Vertiports may require GSE equipment to accommodate the support of passenger operations and aircraft maintenance

⑦ **Weather Observing Instrument and Sensor:** Suburban Vertiports will require provision for necessary weather observing instruments and sensors needed by the Vertiport Operational Control Center.

⑧ **AAM Maintenance:** Suburban Vertiports will require provisions for heavy maintenance capabilities (eg vehicles repair)

## ■ 농촌 버티포트 운용 개념

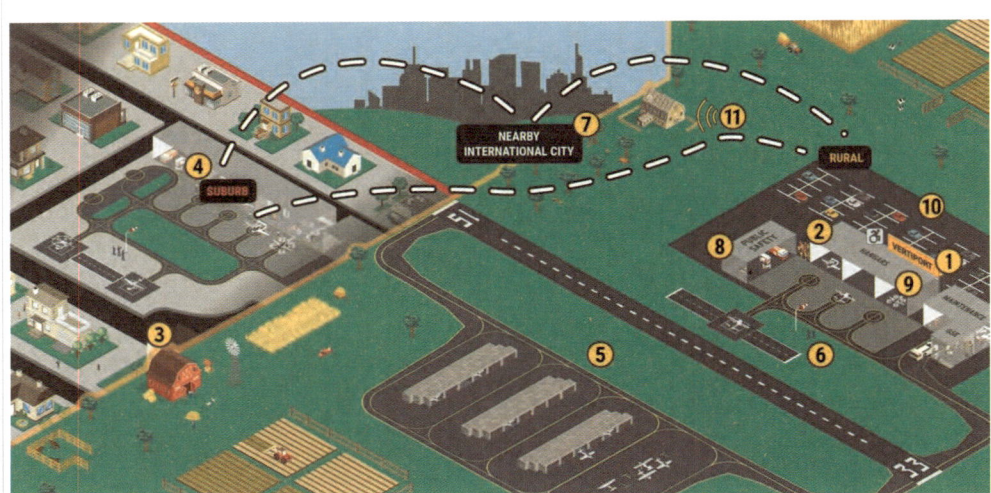

Rural Vertiport Operations Concept

① **Ownership:** Rural Vertiports may be under public or private ownership. However, subsequent recommendations apply regardless of ownership model.

② **Access:** Irrespective of ownership, Rural Vertiports are expected to be accessible and available to all operators and passengers.

③ **Zoning Height Restrictions:** As vertiports are sited in the rural context, zoning height restrictions should be enacted to protect airspace associated with vertiports.

④ **Adjacent Airport/Vertiport:** Planners need to provide recommendations for the proximity of adjacent Rural Vertiports to limit impacts to other development, congestion and ensuring capacity.

⑤ **Staffed Management:** AAM Traffic will be managed by commercial air navigation providers. Rural Vertiports will not require on-site staffed management.

⑥ **Scheduled and Unscheduled Service:** Planning parameters for Rural Vertiports will primarily account for unscheduled service.

⑦ **International Processing:** Rural Vertiports will not provide international processing capabilities.

⑧ **Public Safety:** Rural Vertiports will require planning considerations for security, police, and fire/ emergency medical response.

⑨ **Facilities for Multiple Operators:** While Rural Vertiports should be accessible to all providers, consider provisions for operators' brand identity/amenities.

⑩ **Intermodal Connectivity:** Rural Vertiports will accommodate private vehicle parking. Connections to public transit and TNCs are dependent based on location.

⑪ **Land Use Planning:** Location of Rural Vertiports will be influenced by considerations of noise and visual impacts to surrounding areas, especially residential zones. Compatible development around Vertiport sites should be considered in land use planning.

*출처 : Ohio AAM Framework

## Rural Vertiport Concept

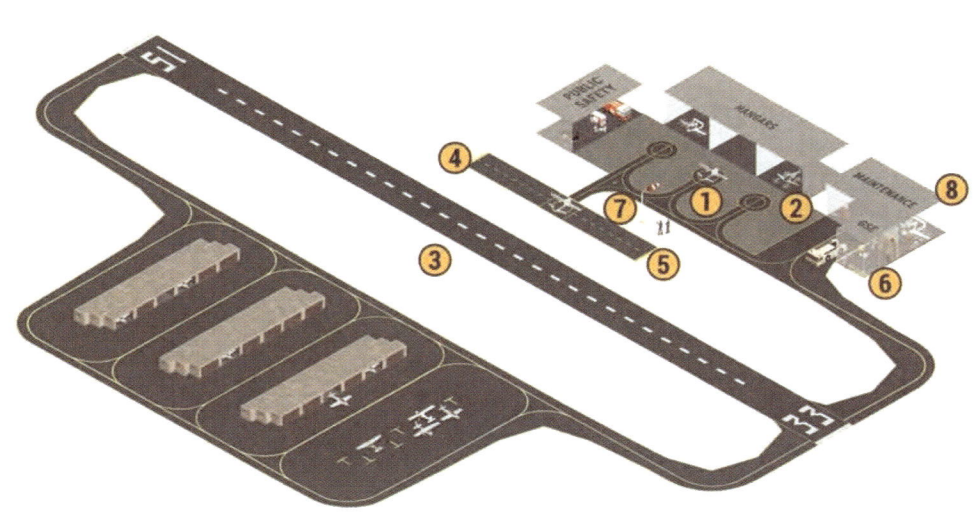

① **VTOL Fuel Type:** Rural Vertiports will require consideration for fueling capabilities for various types of power/energies

② **VTOL Physical Characteristics:** Rural Vertiports will set parameters on aircraft's physical characteristics (e.g maximum wingspan) that the facilities can accommodate.

③ **RON Parking:** Rural Vertiports may require options to accommodate remain overnight (RON) parking.

④ **Touchdown and Liftoff Area (TLOF):** The quantity and sizes of TLOFS at Rural Vertiports will depend on land dedicated to the site

⑤ **Diverse Fleet Accommodation:** While Rural Vertiports are designed for next generation VTOLS, consider accommodating for helicopter, CTOL (Conventional Takeoff and Landing) and other generation STOL (Short Takeoff and Landing) operations.

⑥ **Ground Service Equipment (GSE) Support:** Rural Vertiports may require GSE equipment to accommodate the support of passenger operations

⑦ **Weather Observing Instrument and Sensor:** Rural Vertiports will require provision for necessary weather observing instruments and sensors needed by the Vertiport Operational Control Center

⑧ **AAM Maintenance:** Rural Vertiports will require provisions for light maintenance capabilities (e.g, minor part changes) Heavy maintenance will occur elsewhere.

# 4  버티포트 대안

- UAM 항공기는 목적지 버티포트에 도달하기 전 사고로 인해 예방적인 측면과 비상 착륙이 필요한 경우 대체 착륙장이 필요합니다. 이 ConOps(Concept of Operations)는 세 가지 유형의 대체 착륙 지점을 구상합니다.
  - 우회 버티포트는 비상착륙을 수용할 수 있는 능력을 갖춘 UAM 경로 네트워크의 경로 일부가 될 것입니다. 승객 관련 서비스의 가용성으로 인해 우회 버티포트는 우선적으로 채택될 것입니다.
  - 안전한 비상착륙 구역은 버티포트를 이용할 수 없는 효율적인 UAM 비행 계획을 지원하는 UAM 경로에 있는 장소가 될 것입니다. 이를 위해 접근 및 착륙에 필요한 서비스(예 : PNT(Positioning, Navigation, and Timing) 및 C2 적용 범위)를 제공합니다. VM(Vertiport Manager) 또는 UAM 운용자는 비상 착륙장의 감시 상태 추적을 제공하는 시스템을 구축합니다.
  - 비(非) 보안 비상 착륙장은 지상(예 : 골프장)에서 사람의 활동을 접할 가능성을 최소화하면서 착륙에 적합하다고 조사 및 결정된 장소입니다.
- 아래의 그림은 대안과 예측하지 못한 상황으로 인해 다른 버티포트(Vertiport)로 방향을 전환하는 항공기의 예시입니다.

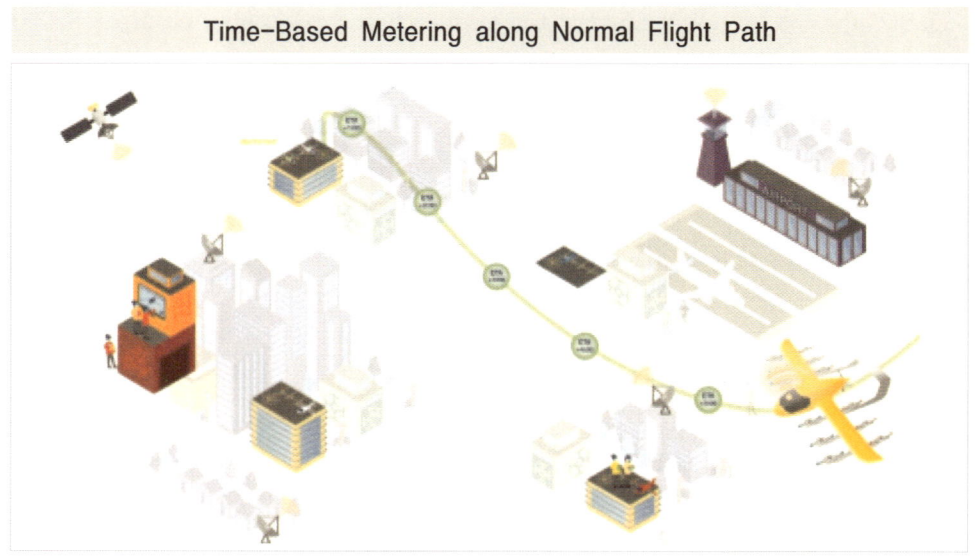

\* 출처 : Concept of Operations for Uncrewed Urban Air Mobility, Boeing, 2022

# 5 버티포트 관리

**Integrating AAM into Airport Master Plans**

**Integrate advanced air mobility (AAM) in airspace**
eVTOL aircraft are expected to need procedures that allow independent activity from runway operations

**Collaborate with utilities to develop the charging infrastructure**
This must enable ultrafast high-power charging

**Plan location of AAM landing sites at airports early**
An AAM landing site at an airport requires 1-3 acres of land, implying that its development needs to be integrated into the master plan early on

**Develop and operate satellite vertiports to increase ecosystem attractiveness**
AAM vertiports in city centers or neighborhoods could become physical extensions of the airport, providing a gateway to the terminal

**Integrate AAM landing site within terminal operations**
This step will be key to enhancing the customer experience and to materially reducing door-to-door time. Important processes include security checks and luggage handling

\* 출처 : McKinsey & Company

- 버티포트 관리 실체(자동화시스템 포함)는 관리 및 운용상 호스팅(Hosting)하는 데 필요합니다. VM(Vertiport Manager)은 지상 운용을 관리하고 FATO, 경사로, 유도로 및 게이트의 운용 상태를 제공합니다.

- VM(Vertiport Manager) 기본서비스는 UAM 착륙 지점, 유도로, 게이트, 격납고, 경사로, 화물 처리 및 승객 안내, 적재 및 하역시설을 지원합니다. 버티포트의 장비 할당을 감독하며 자원 또한 항공기 관리와의 자동화된 절차를 통해 이루어질 수 있습니다.

- 또한 VM은 유도로, 게이트 또는 FATO(Final Approach and Takeoff Area, 최종접근 및 이륙구역) 가용성을 결정하고 항공기 이동을 관리하며 분리(Separation) 이동 승인 등 교통제어를 제공합니다. 이러한 서비스 중 일부는 고도로 자동화될 것이며 어떤 경우에는 현지 ATC(Air Traffic Control)가 있는 LOA(Letter of Agreement, 합의서)가 운용제약, 통관 전달, 지상 교통관리에 대한 역할 및 책임을 설정합니다.

- 버티포트 유지보수 인력은 운항 서비스의 일부가 아닌 예정 여부에 따라서 유지보수를 담당합니다. 이러한 기능은 최첨단 항공기 상태 모니터링 시스템을 사용하여 관리하는 FAA 승인 매뉴얼 및 절차를 준수함으로써 부분적으로 달성됩니다.

- 기본 유지 관리에는 자문시스템과 인력이 포함됩니다. 버티포트 유지 보수인력은 필요한 규정에 따라 교육을 받고 인증을 받으며 항공기 검사, 절차, 문제해결 및 평가, 조립 및 분해 방법에 대한 깊은 이해가 있어야 합니다.

- 또한 버티포트 유지보수 인력은 정교하고 고도로 자동화된 항공기 상태 모니터링 시스템 및 버티포트 유지보수 관리 소프트웨어를 활용할 수 있습니다. 이러한 소프트웨어는 버티포트 유지, 지상, 항공기 관리 인력 운용에 필요한 도구를 제공합니다.

- 감항성 보장, 유지 관리 일정 계획, 항공기 가용성 관리, 유지보수를 위해 항공기 접지 관리, 교육 요구사항 추적, 항공기 외부 분석을 위해 항공기 상태모니터링 데이터를 확보합니다.

- 버티포트 유지 관리 소프트웨어는 현재의 규정에 따라 사용되며 수동 유지 관리 지침은 운용 중인 모든 UAM 항공기에 대한 데이터 집계를 통해 버티포트 유지 관리 소프트웨어 플랫폼에 연계·분석으로 알고리즘을 개선하고 비행 후 이상 탐지 방법을 배포하여 잠재적인 신규 항공기의 문제를 도출할 수 있습니다.

- 운용자와 고객 데이터 보호(예: 익명성)를 보장하기 위해 소프트웨어 시스템은 배포된 분석으로 데이터를 확보하는 동시에 운용자 또는 고객식별 데이터를 항상 보호하도록 보장하여야 합니다.

- OEM(Original Equipment Manufacturer)은 기본 유지 관리담당자가 사용할 유지 관리와 정비 설명서를 작성하고 갱신하기 위한 인증 요구사항을 준수하는 것이 중요합니다. 이러한 설명서는 정밀검사 간격을 지정하고 기타 중요한 항공기 유지보수 및 정비 정보를 제공합니다.

# 6 지상 관리 및 현장 승객 환대

- 버티포트의 지상 관리는 UAM 항공기 및 운항노선 서비스를 수행할 인력과 시스템을 포함합니다. 지상 관리 인력은 UAM 항공기 운항 중 필요한 비행 노선 서비스를 수행합니다.
  - 지상 관리부서는 항공기 배터리 충전 및 냉각 절차를 수행하고 운항 준비되었는지 확인합니다. 항공기의 이륙 준비를 위하여 비행 전 점검을 완료합니다. 이러한 점검에는 ① 배터리 충전 수준 ② 자동화 시스템 점검이 만족스럽게 완료 ③ 승객과 화물이 적절하게 보호 ④ 항공기 시스템이 안전하고 신뢰할 수 있는지 확인 등이 포함됩니다. 승객 승하차 지원을 위해 환대 직원 간의 인계가 포함됩니다.
  - 견인 항공기 ConOps는 UAM 항공기가 자체 동력으로 지상 이동을 할 수 없다고 가정합니다. 따라서 지상 관리자는 행어(Hanger, 항공기를 넣어두거나 정비하는 건물), FATO(Final Approach and Takeoff Area, 최종접근 및 이륙구역) 및 게이트(Gate)사이에서 항공기를 견인할 책임이 있습니다. 에어택시 절차는 그렇지 않습니다. 게이트가 없는 버티포트에서는 필요합니다.
- 지상 관리팀은 UAM 항공기 회항 절차를 수행합니다. FATO(Final Approach and Takeoff Area, 최종 접근 및 이륙구역) 및 견인지원시스템에 대한 초기 점검, 배터리 충전 및 에어택시 승객탑승 운용에 의해 구동되는 게이트에서의 처리, 하차 절차, FATO(Final Approach and Takeoff Area, 최종 접근 및 이륙구역) 내 에어택시 지원 시스템 분리 및 비행 전 점검 등입니다.
- PIC(pilot-in-command, 항공기의 조종사)는 버티포트에 물리적으로 존재하지 않기 때문에 지상 직원은 UAM 항공기의 감항성을 판단할 책임이 있습니다. 지상 관리 인력은 감항성을 판단하기 위해 교육을 이수하고 인증을 받습니다. 또한 지상 관리팀에서는 적재절차가 완료된 후 항공기 중량과 균형도 확인합니다.

- 현장 승객 환대 및 관리에는 서비스가 제공되는 각 UAM 버티포트에 위치한 시스템과 인력을 포함합니다. 이러한 서비스는 UAM 항공기 운용자가 제공하거나 TSP(Third-party Service Provider, 제3자 서비스제공자)와 계약을 맺을 수 있습니다. 승객환대 직원은 고객서비스 교육을 받게 되며 UAM 운용 및 최적의 승객 경험에 대해 깊이 알고 있습니다. 이들 인력에게 요구되는 자격 및 면허의 정확한 세부사항은 검증 당국에 의해 결정됩니다.

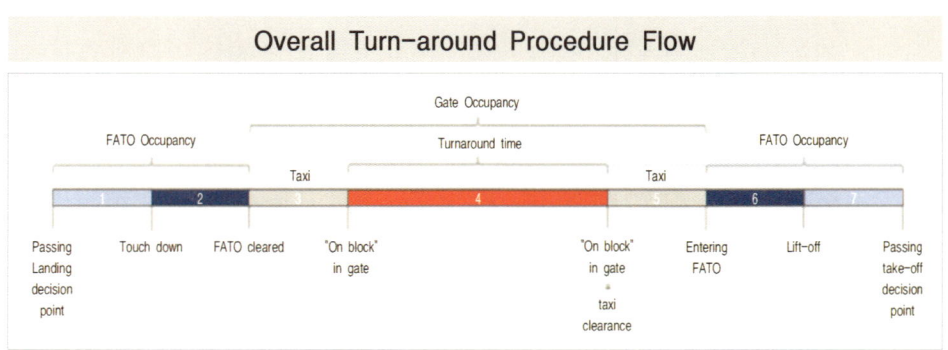

*출처 : Concept of Operations for Uncrewed Urban Air Mobility, Boeing, 2022

- 이들의 운용 역할은 승객환대 관리팀이 안전브리핑을 제공합니다.(일반적으로 안전브리핑 동영상을 통해) 항공기 출발 전 승객에게 안내하며 이러한 안전 브리핑은 승객에게 비상상황 발생 시 조치여부를 알려줍니다. 예정된 경우 UAM 운용업체와 기타 다중모드 운송제공업체 서비스 간의 승객 인계, 환대(관리직원이 승객을 환영)하고 항공기로 안내합니다. 비행 후 승객환대 관리직원이 안전한 인도를 보장합니다.
- 승객환대 관리는 승객의 승하차를 지원하며 비상사태 및 우발상황 발생 전후의 승객 건강을 책임집니다.

# 제6장

# 공역 통합 및 교통관리

# 1 공역 통합 및 교통관리 개요

- 무인항공시스템(UAS : Unmanned Aerial System) 여러 등급의 공역이 있으며 모두 통제 또는 비 통제 공역의 두 가지 범주 중 하나에 속합니다. 아래에 설명된 규칙은 현재 자율, 원격조종 또는 기내 조종사가 조종하는 모든 항공기에 적용됩니다.

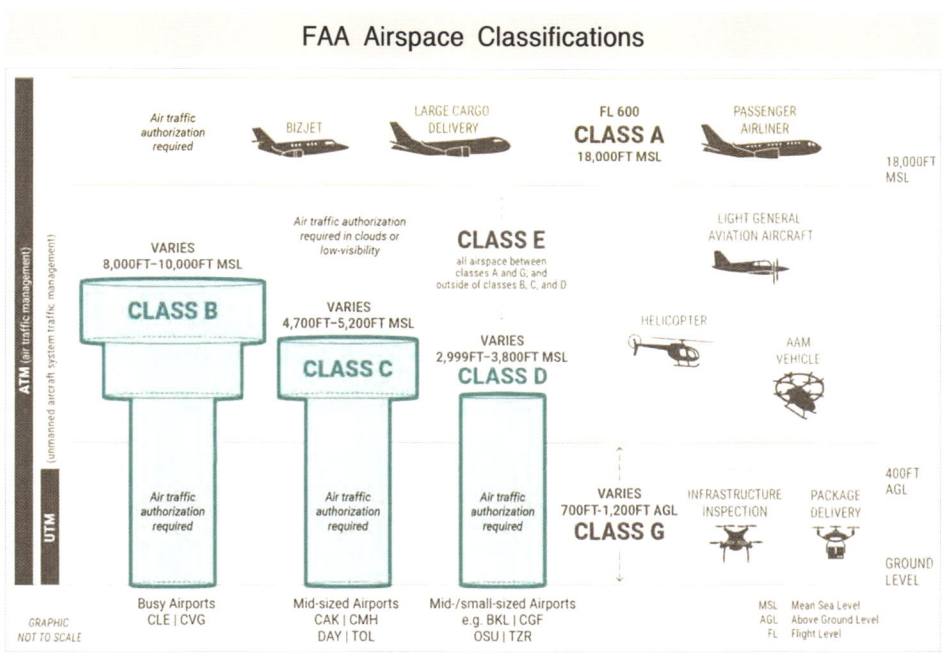

- 무인항공시스템(UAS : Unmanned aerial system)은 이론상 모든 클래스 G 공역에서 비행할 수 있지만 교통 관리는 AGL(Above Ground Level, 지상 고도로 지표 높이를 의미) 400ft(121.92m) 제한됩니다.

- 관제공역에는 공역을 비행하기 위한 항공교통허가에 대한 다양한 요구사항이 있으며 관제 공역등급에 따라 다릅니다. 클래스 A 공역에서 모든 항공기는 ATC (Air Traffic Control, 항공교통관제)를 받아야 하며 계기비행규칙(IFR : Instrument

Flight Rules)에 따라 작동해야 합니다. 클래스 B, C 및 D 공역에서 모든 항공기는 항공교통통제를 받아야 하지만 IFR 또는 시계비행규칙(VFR : Visual Flight Rules)에 따라 작동할 수 있습니다. 클래스 E 공역 항공기는 VFR 하에서 운항하는 경우 ATC(Air Traffic Control, 항공교통관제) 하에 있을 필요가 없습니다. ATC는 일반적으로 통제 하에 있는 모든 항공기를 분리하고 ATC 감시시스템에서 모든 항공 교통을 감시합니다. ATC는 일반적으로 감지할 수 있거나 통신할 수 없는 비협조적인 항공기(ATC(Air Traffic Control, 항공교통관제) 통제하에 있지 않음)가 근처에 있음을 통제 중인 항공기에 알립니다.

- 통제되지 않는 공역은 ATC에 의해 통제되지 않으므로 항공기는 제3자에 의해 서로 분리되지 않습니다. 항공기는 여전히 VFR(Visual Flight Rules, 시계비행규칙) 또는 IFR(Instrument Flight Rules, 계기비행규칙) 비행규칙을 따라야 합니다.
  - 시계비행규칙하에서 비행하는 것은 특정 가시성 및 운고(Ceiling : 구름의 밑부분까지의 고도) 조건을 충족해야 함을 의미합니다. 이를 시계비행 기상상태(VMC : Visual Meteorological Condition)라고 합니다. 가시성 및 구름 분리 조건(구름에서 떨어져 있어야 하는 거리)은 공역 등급에 따라 다릅니다.
  - 일반적으로 모든 IFR(Instrument Flight Rules, 계기비행규칙) 비행은 계기비행 계획에 따라 어떠한 기상 조건에서도 비행할 수 있어야 하며 계기비행 기상상태(IMC : Instrument Meteorological Condition, 시계비행 기상 조건 외의 기상 상태)이어야 합니다.
  - 항공교통관제(ATC : Air Traffic Control)는 시계비행 기상상태(VMC : Visual Meteorological Condition)에서 비행하든 IMC에서 비행하든 모든 IFR 항공기에 대한 분리 서비스를 제공합니다.
  - VFR 비행은 Class A 공역을 사용할 수 없습니다. 조종사는 항공기가 장비 요구 사항을 충족하고 조종사가 통제된 공역 운용 절차를 따르는 한 통제된 공역과 통제되지 않은 공역 모두에서 시계비행규칙(VFR : Visual Flight Rules)으로 비행할 수 있습니다. 클래스 B, C 및 D 공역에서는 조종사가 ATC에 연락하고 지침을 따라야 합니다.(연방 항공국 조종사 항공 지식 핸드북(PHAK) 15장)

- 승무원이 없는 소형 항공기시스템을 위한 개발 중인 무인항공시스템(UAS : Unmanned Aerial System) 교통관리(UTM : UAS Traffic Management) 시스템에서 영감을 얻은 새로운 항공교통관리 방법론은 상업용 항공항법 서비스를 수용합니다. AAM(Advanced Air Mobility)의 경우 이를 도심항공교통(UAM)에 대한 서비스 제공업체(PSU : Provider of Services for UAM)라고 하며 항공교통관제와 유사한 항공항법서비스를 제공합니다.

- PSU(Provider of Services for UAM)는 운용자의 비행계획이 다른 운용자의 비행계획과 충돌하지 않도록 하여 미리 결정된 공역에서 항공기를 전략적으로 분리합니다. 다수의 PSU가 지리적 영역에 서비스를 제공할 수 있으며, 이는 단일시설로 고도로 제한된 지리적 영역을 담당하는 기존 항공 교통 관제와도 다릅니다. 따라서 PSU는 상황 및 도메인 인식을 위한 검색 서비스를 통해 더 넓은 PSU 네트워크에서 통신합니다. 운용 항공기 및 다수 항공기 운용자는 공중충돌경고장치(ACAS : Airborne Collision Avoidance System)와 지상 기반 감지 및 회피(GBDAA : Ground-Based DAA(Detect and Avoidn, 충돌회피 기술)) 시스템 또는 기본 레이더와 같은 온보드(Onboard) 감지 및 회피 시스템을 사용할 수 있는 전술적 충돌 방지를 책임집니다.

- 개인 항공항법서비스를 위한 새로운 상업적 시장은 운용자 또는 PSU(Provider of Services for UAM)를 지원할 수 있는 자격을 갖춘 제3자 서비스 제공업체에서도 지원합니다. 향후 원격조종 경로(Remote Pilot Pathway)를 시도하는 AAM(Advanced Air Mobility) 개념은 UTM(UAS Traffic. Management) 시장의 확립이 필요합니다.

- 현재 공역은 검증 접근방식에 따라 분리되거나 통합될 수 있으며 UTM으로 분리된 공역은 AAM 또는 관련 운용을 위해 NAS(National Airspace System)의 특정 공역을 전용합니다. UTM과 통합된 공역은 공역 설계를 변경할 필요가 없지만 항공교통통제는 분리를 관리할 책임이 없습니다. 그러나 AAM의 비행계획은 관제사와 공유되며 항공기가 운항할 수 있는 위치에 대한 일부 제한이 있을 수 있어 항공교통관제 관리 IFR(Instrument Flight Rules, 계기비행규칙) 비행을 방해하지 않습니다.

## 2 운영 기술

- UAM(Urban Air Mobility) 개념은 도시 환경에서 화물 및 승객 이동을 가능하게 하는 규칙, 절차 및 기술에 중점을 두지만 이에 국한되지 않습니다. FAA(Federal Aviation Administration)와 NASA는 AAM(Advanced Air Mobility)이라는 더 넓은 용어를 정의했으며, 이는 지역 및 지역 간 운용도 포함합니다.

- FAA UAM ConOps(Concept of Operations) v2.0, NASA UAM Vision ConOps v1.0, UAM Airspace Research Roadmap Rev 2.0, 유럽의 CORUS-XUAM 프로젝트에서 만든 U-Space ConOps 등 개발 중인 운용의 많은 개념이 포함되어 있습니다.

- 이러한 ConOps에 대한 국제적 수준의 조화가 필요하나 이 문서에서 강조되는 주요 특징은 UAM 산업의 성장이 특정 영역에서 교통밀도와 빈도를 증가시킬 것이라는 예상입니다. 이러한 성장과 고유한 성능 특성은 현재 글로벌 ATM 시스템이 지원할 수 없는 운용상의 문제 가능성도 있습니다. 이 기술 영역은 지역적 고려를 허용하면서 UAM 운영을 기존 공역 환경에 원활하게 통합하는 데 필요한 절차, 구조 및 기술을 구분하는 것에 중점을 둡니다.

- 승무원 여부와 관계없이 승객을 태우는 UAM 항공기에 대한 새로운 공역 통합 정책 및 구조는 현재 존재하지 않으며 개발을 위해 상당한 연구와 평가가 필요합니다. 전 세계적으로 초기 UAM 분야는 기존 비행 규칙, 절차 및 항행·서비스 주체(ANSP : Air Navigation Service Provider) 상호작용을 활용하여 초기 임무를 완료할 가능성이 높습니다. 재난 대응, 항공 구급차, 긴급 물품 배송 및 경찰 작전과 같은 공공재 운용은 초기 UAM 사용사례로 대표됩니다.

- 무인항공시스템(UAS) 교통관리(UTM) 개념이 전(全) 세계적으로 구현되기 시작했지만 이러한 시스템은 소형 무인 드론이 비가시권 비행(BVLOS : Beyond Visual Line of Sight) 저고도 공역 접근에 중점을 두고 있습니다. 기존 항공 시스템에 미치는 영향이 최소화나 UTM과 UAM 운용 사이의 경계는 모호합니다.

- UAM 공역 구조, 절차 및 정의(예 : 회랑(Corridor) 사용 가능)는 확장가능 운용을 가능하도록 개발 및 설명이 필요하며 UAM 분리 요구사항은 현재 표준화되지 않아 UAM 운용을 위해 조사하고 정의하여야 합니다. UTM에서 얻은 성과를 적용할 수는 있지만 ANSP(Air Navigation Service Provider)에 대해 다른 위험을 암시할 수 있는 고고도 및 승객 운송운용에는 상당한 차이가 있습니다. 도시 협곡의 날씨데이터와 같은 타(他) 데이터서비스의 식별은 정보교환 프로토콜(Protocol : 컴퓨터 내부에서 또는 컴퓨터 사이에서 데이터의 교환 방식을 정의하는 규칙 체계)과 함께 설명되어야 합니다.
  - 초기 UAM 운영에서 관제구역(CTR, Controlled Zone) 주변공역이 고정 회랑(Fixed Corridor)으로 구성되던 것이 확대되어 동적 회랑(Dynamic Corridor)이 도입되어 고정 회랑과 동적 회랑이 혼합되는 혼합 회랑(Mixed Corridor)으로 회랑 형태 발전이 예상됩니다.

UAM 교통 관리 서비스 개요

\* PSU : Provider of Services for UAM
\* SDSP : Supplemental Data Service Provider
\* USS : UAS((Uncrewed Aircraft System) Service Supplier
\* FAA : Federal Aviation Administration
\* 출처 : FACTSHEET, Urban Air Mobility (UAM), Info-Centric National Airspace System(NAS), 2022.11

- 의도 공유 방법 및 기타 데이터의 개발과 함께 운용이 국가 간에 효과적으로 발생할 수 있도록 전(全) 세계에 적용할 수 있는 포괄적인 시스템 아키텍쳐(Architecture : 시스템의 구조, 동작 등을 정의하는 개념적인 모형)가 필요할 수 있습니다. 또한 장기적인 UAM 운용을 가능하기 위해 다양한 수준의 자동화(UAS(Unmanned Aerial System) 및 원격조종 항공시스템(RPAS : Remotely Piloted Aircraft System) 운용 포함)에 대한 서로 다른 UAM 생태계 참여자 간 역할과 책임을 정의하여야 합니다.
- RTCA(Radio Technical Commission for Aeronautics) DO-365B, 탐지 및 회피(DAA) 시스템에 대한 최소작동성능표준(MOPS : Minimum Operational Performance Standards), 무인항공기시스템에 대한 최소 성능 표준, 19개 트래픽 주의보에서 충돌하는 트래픽 감지를 완전히 활용하는 탐지 및 회피(DAA : Detect and Avoid) 아키텍처를 정의하며 자동 실행을 위해 항공기에 직접 필요합니다. 지상의 경우 FOC의 MVS에 직접 제공됩니다.
- DAA 시스템은 UAM 항공기가 지상 기반 DAA 시스템을 활용할 수 있도록 필요한 성능 사양에서 충분한 적용 범위를 제공해야 합니다. DO-365B는 비교하여 터미널 환경에 대한 다양한 트랙 성능 요구 사항을 정의합니다.
- 일부 회사는 여러 서비스제공자의 역할을 포함할 수 있습니다. 이러한 시스템에는 RTCA(Radio Technical Commission for Aeronautics) DO-377A 및 DO-362A (TSO C213에 의해 수정됨) 가 적용됩니다. 이 ConOps는 지상 기반 및 공중 DAA를 모두 고려합니다.
- 경로 환경에. 지상 기반 DAA의 TSP(Third-party Service Provider, 제3자 서비스 제공자)는 우발 상황 및 비상 상황과 관련된 모든 지점을 포함하여 UAM 항공기 비행 계획 전체에 대해 충분한 시스템 및 경고 성능을 입증해야 합니다.
- 항공데이터 서비스는 UAM 항공기운용에는 안전한 운용을 보장하기 위해 아래와 다양한 검증된 데이터가 필요합니다.
    - 지리공간 정보, 지형 및 장애물, 미시적 및 거시적 기상정보
    - 코드화된 경로 및 필수항법성능(RNP : Required Navigation Performance) NavSpec(Navigation Specification, ICAO) 정보
    - 항공지도, 브랜드 정보, 임시비행 제한 정보.

- 버티포트 관리자(VM : Vertiport Manager)와 마찬가지로 FOC(Fleet Operation Center)는 운용 최적화를 위한 주요 입력 정보를 사용합니다. 보충 데이터 서비스 제공업체가 제공하는 일부 데이터는 비행에 중요하지 않을 경우가 있습니다. 이런 경우 ConOps는 비행에 중요한 데이터를 포함하는 정보에 FAA 승인이 필요하다고 가정합니다. 일반적으로 UAM 운용에 사용되는 보충 항공 데이터는 기존 표준과 형식을 활용합니다.

- 예약 플랫폼 서비스

    - 대부분의 UAM 운용자는 제3자 예약 시스템과 통합하여 서비스에 대한 광범위 한 수요를 창출합니다. 이러한 통합 유형의 한 가지 예는 UAM 항공편과 다중 모드 서비스 제공업체가 제공하는 지상교통과의 결합입니다.

    - 예를 들어 항공 데이터베이스 처리 표준인 **RTCA DO-200A**는 데이터베이스 처리에 대한 일반적인 표준에 따르나 개별 데이터베이스는 **DO-272C**, 비행장 매핑 정보에 대한 사용자 요구사항, **DO-276B**, 항공 데이터베이스에 대한 사용자 요구사항과 같은 특정 표준을 충족합니다.

# 3 운용 절차

## ■ 비행 규칙

- IFR(Instrument Flight Rules, 계기비행규칙) 비행을 갖춘 항공기는 공개된 경로와 IFP를 사용하여 다른 교통과의 충돌을 대부분 방지할 수 있습니다. 이는 경로와 절차의 구조와 조직뿐만 아니라 항공기가 비행하는 공역에 대한 CNS(Communication, Navigation, and Surveillance) 인프라에 의해서도 가능합니다. 이점은 항공교통관제(ATC : Air Traffic Control) 교통 분리 서비스가 조종 능력과 관련하여 매우 효율적이라는 것입니다.

- 이 문서의 ConOps는 14 CFR(Cost and FReight) Part 91 Subpart B의 맥락 내에서 이 IFR 구성을 사용하는 동시에 무인 UAM 항공기 운용에 특정한 조정을 보완합니다. 이러한 조정은 NAS(National Airspace System)의 무인 항공 시스템의 현재 운용에 대한 면제 및 LOA(Letter of Agreement, 합의서)를 통해 제정된 기존 규칙 변경 사항에서 도출됩니다.

- FAA의 『친환경·효율·안전』을 표방한 차세대 항공운송시스템 NextGen(Next Generation Air Transportation System) 디지털 인프라 배포로 인해 규정 수정이 가능해짐에 따라 항공 교통 관제사와 무인 UAM 항공기 감독관(MVS : Multi-Vehicle Supervisor) 간의 상호작용 운용 변화가 예상됩니다.

■ NextGen 속성은 MVS(Multi-Vehicle Supervisor)가 최대 3대의 항공기에 대한 PIC(pilot-in-command, 항공기 조종사)로 기능할 수 있도록 운용절차의 기초를 형성합니다.

- 시기적절한 공역, 컨트롤러를 위한 자동화된 의사 결정 지원, 데이터 통신
- 비행 예측 정확도, 운용자의 자동비행 추적, 기타 디지털 정보 기능.

■ UAM 항공기 탑재 자동화와 함께 이러한 기술의 발전을 통해 MVS(Multi-Vehicle Supervisor)가 탑재 또는 원격 조종사의 운용과 동일하거나 항공기를 더욱 안전하게 운용할 수 있다는 사실을 입증하기 위해 광범위한 실증연구가 수행될 것입니다.

■ ConOps의 중기적 관점 프레임에서 무인 UAM의 초기운용은 현재 IFR 운용과 매우 유사한 방식으로 ATC(Air Traffic Control, 항공교통관제) 분리 서비스를 제공할 것입니다.

- UAM 운용자는 ATC에 비행계획을 제출하며 이는 효과적인 흐름 관리를 위해 상대적으로 짧은 비행시간(30분 이하) 동안 비행경로와 지상 속도를 정확하게 예측할 수 있어야 합니다.
- UAM 운용자는 지능형 라우팅(Intelligent Routing) 기능(최적의 애플리케이션 성능을 제공)과 새로운 기술을 적용하여 ATC(Air Traffic Control, 항공교통관제) 운용 부하를 매우 낮게 유지합니다.

■ UAM 항공기는 완전히 활성화되는 절차를 사용하여 수직으로 안내되는 초기 및 최종 세그먼트(Segment, 분할, 구간, 세부부분, 쪼개는 것)를 통한 자동 이륙 및 착륙을 실행합니다.

## ■ ATC 통신

- ATC(Air Traffic Control)와 MVS(Multi-Vehicle Supervisor) 간의 양방향 음성 통신은 항공기 C2(Command and Control) 링크를 통한 VHF(Very High Frequency, 초고주파) 중계 또는 가능한 경우 대기 시간이 짧은 파티라인 VoIP(Voice over Internet Protocol) 네트워크 통신을 통해 제공됩니다.
- ATC 관제사 핸드오프(Handoff)와 통신 점검은 자율적으로 이루어집니다.

## ■ 에너지 예비 요구사항

- 강력한 비상사태 및 긴급 상황 비행 중 에너지 상태 및 소비에 대한 정확한 모니터링을 포함한 관리기능을 통해 기존 IFR 예비개념과 동일한 수준의 안전을 구현하는 동시에 특정 비행에 필요한 초과 에너지 용량을 감소할 수 있습니다.

## ■ 계기비행 절차

- 가능한 경우 UAM 항공기는 실패 접근 구간(해당되는 경우 도착 절차 포함)을 포함하여 현재 FAA 승인 경로, 표준계기출발절차(SID : Standard Instrument Departure) 및 계기접근절차(IAP : Instrument Approach Procedure)를 사용할 수 있습니다.

- 이러한 계기 비행 절차는 착륙을 위한 3D(측면 및 수직) 안내 및 이륙(예 : 수직 유도, 측면 및 수직 항법, 계기 착륙 시스템을 갖춘 측면 정밀 성능 정보)을 제공합니다. 아래의 예시는 Joby의 터미널 표면 형상(Terminal Surfaces Geometry) 정보 예시입니다.

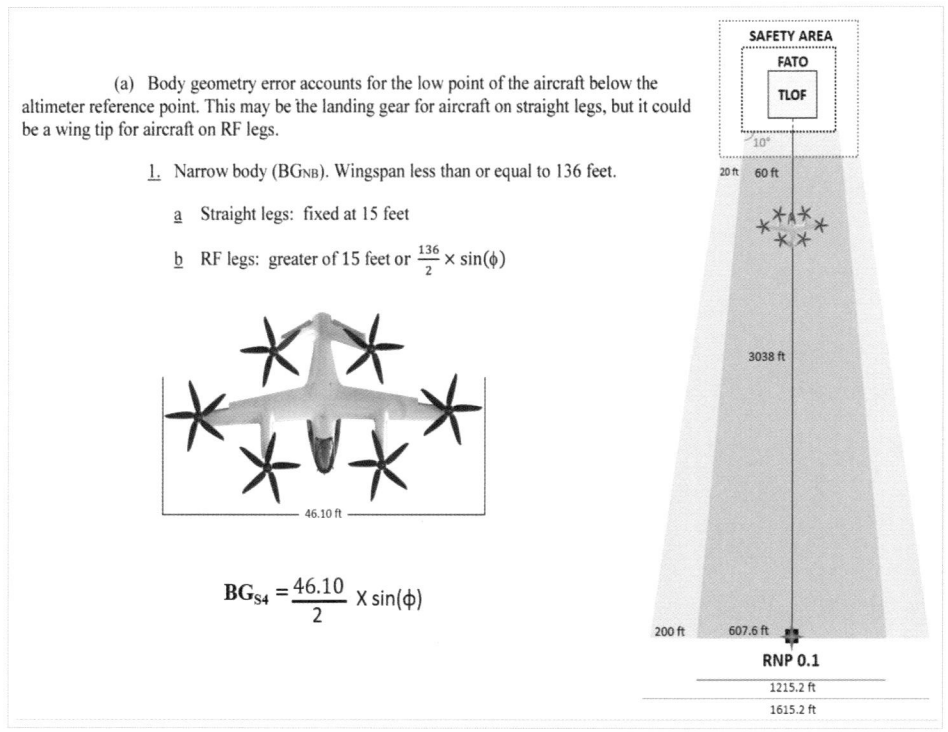

*출처 : Joby Aviation

- UAM 항공기는 GPS(Global Positioning System)가 거부된 지역에서도 IFP(Instrument Flight Rules)를 따라 항행성능기준(RNP : Required Navigation Performance)을 따릅니다.

- 특히 무인 UAM 운용의 경우 분리(Separation)에 대한 안내를 제공하는 추가 계기 세그먼트는 현재 절차를 보완하고 현재 운용의 시각적 세그먼트(예 : 결정 고도 또는 결정 높이에서 지상까지)를 대체합니다.

- UAM을 보다 광범위하게 활용하기 위해서 UAM 항공기 운용에 적합한 접근 및 출발 절차를 갖춘 기존 공항의 버티포트(Vertiport) 포함한 새로운 버티포트가 개발될 것입니다. 관련 기술과 그에 상응하는 접근방식 설계기준이 성숙해짐에 따라 비행지침으로 포함될 것입니다.

- UAM 항공기 운용자와 관련 이해관계자는 협력하여 새로운 노선과 IFP(Instrument Flight Rules)를 구축 할 것입니다. 이는 시스템의 버티포트를 연결하고 가능한 직접적으로 설계된 비행경로를 제공하는 전체 UAM 경로 네트워크를 구축합니다.

- 이러한 항행성능기준(RNP : Required Navigation Performance)을 따릅니다. 경로 네트워크는 설계상 UAM을 방해하지 않기 때문에 전술적 충돌 관리의 필요성을 최소화하면서 효율적인 UAM 운용을 가능하게 합니다. 기존 경로와 서로 낮은 순항고도(Cruising Altitude)를 고려할 때 UAM 운용에는 접근 절차 외에 도착 절차의 사용이 필요하지 않을 수 있습니다.

## ■ 항공교통관제서비스

- 항공교통관제(ATC : Air Traffic Control)는 UAM이 비행하는 대부분의 공역에서 교통 분리를 담당하며 항공 교통 관제사는 적절한 교육을 받고 자격을 갖추어야 합니다.

- UAM 항공기의 독특한 성능과 특성으로 다른 공역 사용자로부터 분리를 유지 하도록 설계된 UAM 특정경로가 요구됩니다.

- 정상 작동에서는 예상되지 않지만 MVS(Multi-Vehicle Supervisor)는 ATC(Air Traffic Control) 레이다 유도(Radar Vector)에 응답하고 UAM 항공기를 허가 및 기타 IFR 교통관리지침으로 안내할 수 있습니다.

## ■ 4D 궤적 활용

- 탑재된 에너지 저장용량 제한으로 UAM 항공기는 높은 수준의 운용 효율성과 예측 가능성이 필요하며 항공기의 운용 목적에 따라 매우 독특한 경로로 임무를 달성할 것입니다. 따라서 경로는 임무 변동을 최소화하기 위해 다른 교통과의 접촉을 최소화하도록 계획됩니다. 결과적으로, 출발 직전에 제출된(또는 업데이트된) 비행 계획은 높은 수준의 예측이 가능하고 설계상 UAM 교통량(traffic)은 전술적 개입이 거의 필요하지 않고 대부분 예외 관리 가능해야 합니다.

- 또한 ATC 교통흐름 관리는 교통흐름을 조절하여 예상 조건에 따라 수요와 가용 용량의 균형을 유지함으로써 잠재적인 교통흐름을 최대한 감소합니다. UAM 운용은 비행 계획을 위해 지상과 UAM 간, 실시간 데이터와 운항 공유의 4D궤적 예측 및 최적화를 적용함으로써 교통 관리 체계의 근본적이며 혁신적인 변화의 기대가 가능합니다.

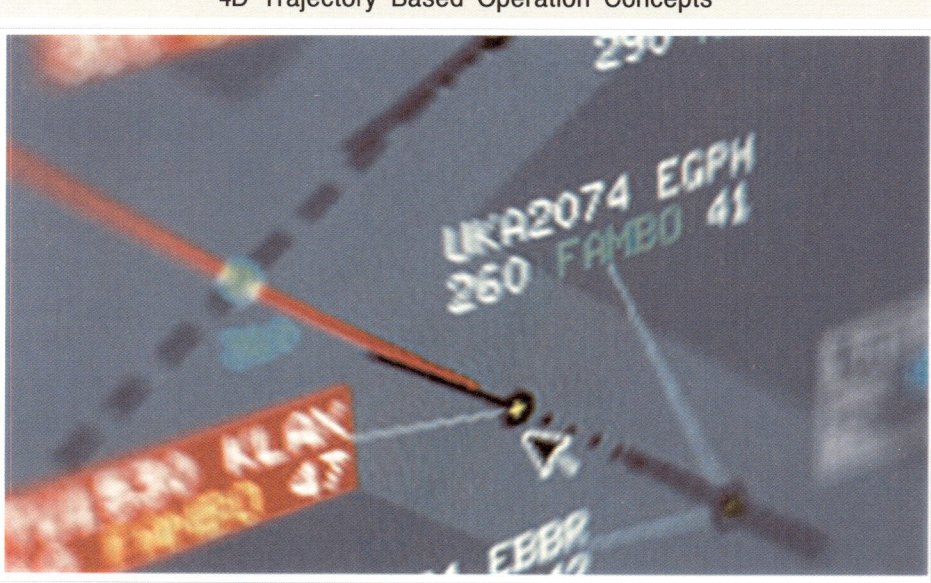

*출처 : 2030년 4차원 궤적 기반 운영 체계로의 완전한 전환이 예고 (ICAO, NextGen, SESAR)

- UAM 임무는 계획된 웨이포인트(Waypoint : 비행경로 상 특정지점·명칭)와 적절한 시간 허용오차를 통과하기 위한 예상시간 슬롯(Slot : 항공기가 특정 공항에 이착륙(출발도착)할 수 있도록 배정된 시간(대))을 포함하는 단일의 포괄적인 4D 궤적을 사용합니다. 시간 차원은 트래픽 충돌해소에 사용되지 않지 만 트래픽 흐름 관리에 정보를 제공하여 도착 트래픽 순서의 실행 가능성을 보장합니다.

- 4D 궤적의 두 번째 중요한 이유는 그것이 제공하는 반복성과 예측 가능성이며, 이는 결과적으로 FOC(Fleet Operation Center) 및 ATC(Air Traffic Control)에 의한 실질적인 자동 적합성 모니터링을 가능하게 하는 데 크게 도움이 될 것 입니다. 사람들은 간단한 모니터링 기능에 취약하기 때문에 운용 부하를 줄이고 안전을 유지하는 데 필수적입니다.

- 자동 적합성 모니터링이 교통흐름에 영향을 미칠 만큼 충분히 큰 계획된 경유지 통과 시간의 편차를 감지하면(비행 계획의 경유지 슬롯 시간에 대해 지정된 허용오차에 의해 설정됨) 비행 중에 MVS(Multi-Vehicle Supervisor)에 경고(예 : 경로에 대한 예상 바람이 크게 다를 경우) 할 수 있으며 계획 수정이 필요합니다.

- ATC는 통제 공역(클래스 B, C, D, E)에서 IFR 하에 운항하는 항공기 간, 그리고 클래스 B 및 C 공역에서 IFR 및 VFR 하에 운항하는 항공기 간에 분리 서비스를 제공해야 합니다. ATC는 교통조언을 제공 할 수 있지만 다른 공역에서 VFR에 대한 분리 서비스를 제공할 필요는 없습니다.

- 교통충돌해소를 위한 지나치게 엄격한 상황은 내재된 불확실성으로 인하여 제한되거나 좁은 범위 내에서 충족되어야 하는 제약이 되므로 규범적이어야 합니다. 후자의 접근방식은 교통흐름에 취약성을 초래하거나 궤적을 과도하게 제한하여 비효율적인 운용을 유발할 수 있습니다.

## ■ 디지털 통신

- MVS로의 전자 통관 전달 및 ATC와 MVS(Multi-Vehicle Supervisor) 간의 디지털 통신(현재 관제사 조종사 데이터 링크 통신)은 제출된 비행 계획을 삭제하고 이륙 전에 비행 계획을 변경하는 데 사용됩니다. 또한 ATC(Air Traffic Control) 타워를 통해 라우팅 되는 동안 이러한 메시지는 수요와 용량 균형 및 흐름 관리를 위해 IFR 비행 계획이 처리되는 항로 ATC에서 시작됩니다. 현재 데이터 통신 네트워크 서비스를 사용하면 VHF 데이터 링크 대신 지상 네트워크를 통해 이러한 유형의 메시지를 전달할 수 있습니다.

## ■ 음성통신

- 항공항법서비스 제공업체가 전 세계적으로 VoIP(Voice over Internet Protocol)를 통한 통신을 가능하게 하는 항공교통관리시스템을 구현함에 따라 FOC는 아날로그 VHF 라디오 방송 대신 지상 네트워크를 통해 ATC와 통신할 수 있게 됩니다. VoIP(Voice over Internet Protocol)를 아직 사용할 수 없는 경우 MVS는 C2(Command and Control) 데이터 링크를 통한 릴레이를 통해 항공기의 VHF(Very High Frequency, 초고주파) 무선을 통해 ATC와 양방향 음성 통신을 합니다.

- UAM 임무는 주로 인구 밀집 지역 근처에서 발생하기 때문에 UAM 임무가 운영되는 공역은 인근 주요 공항과 관련된 터미널 공역 가능성이 높습니다. 따라서 UAM 비행 중 MVS는 항로 ATC가 아닌 터미널 ATC(예 : 터미널 레이더 접근 관제소 또는 출발 관제소)와 가장 일반적으로 통신합니다.

- UAM 운용자는 통제된 공역에서 정기적인 UAM 운용을 위해 일상적인 ATC 음성 통신이 필요하지 않은 절차와 경로를 설정합니다. 출발 전에 획득한 전체 비행 허가는 관제사 간의 자동 핸드오프를 지원하고 MVS가 감독 역할을 수행할 수 있도록 합니다. 이 ConOps에 따른 ATC 음성 통신은 자주 발생하지 않으며 주로 UAM이 아닌 트래픽과의 충돌을 줄이기 위해 비행경로에 대한 전술적 조정이 필요합니다.

# 4 미래 협력 환경

■ FAA는 미래 UAM 중심의 협력 환경부문(예 : UAM, 무인 항공기 시스템(UAS, Unmanned Aircraft Systems) 교통 관리(UTM, UAS Traffic Management ), 상위 클래스 E 교통 관리(ETM, Upper Class E Traffic Management))에서 많은 개념 요소를 정의하였습니다.

- 최근 기술의 발전으로 새롭고 혁신적인 항공기 유형의 산업개발이 가능해졌으며, 더 낮은 운영 비용과 새로운 유형의 운영 도입을 촉진하는 고도로 자동화된 기능을 제공합니다. 동시에, 연합 서비스 네트워크를 통한 실시간 정보공유와 역할 및 기능 분배의 발전은 지속적 성숙해지고 있습니다.
- 이러한 과제와 기회에 대응하여 연합 서비스 네트워크에 의존하는 고도로 자동화된 협력 환경(정의 된 CA(Cooperative Area) 포함)이 미래 서비스의 추가 측면으로 여러 운영 개념을 통해 구상되고 설명되었습니다.
- ETM(Upper Class E Traffic Management) AAM의 하위 집합인 UAM 운용은 일반 및 간헐적으로 UAM 회랑으로 설명되는 CA에서 수행될 수 있습니다. 검증 프레임워크의 발전은 새로운 항공기 유형과 계획된 운영을 지원하기 위한 혁신적인 개념, 기술 및 기법을 적용하는 데 필요한 지침을 제공할 것입니다. 아래의 그림은 현재 서비스 제공 환경 및 기타 미래 협력 환경(ETM, CSM(Cooperative Separation Management), CFM(Cooperative Flow Management)과 관련된 AAM · UAM 환경(빨간색 윤곽선)을 보여 줍니다.

### Notional Overview of Future Complementary Service Environments

*출처 : Urban Air Mobility(UAM) Concept of Operations, Version 2.0, FAA

- 미래 NAS(National Airspace System)의 일부로서 보완 서비스 제공 환경(예 : ATS(Air Traffic Control) 및 xTM(Extensible Traffic Management))은 미래 수요 과제를 충족하기 위한 확장성과 기술 범위 전반에 걸친 급속한 발전에 따른 기회 포착의 유연성을 지원하는 잠재적 옵션(예 : 클라우드 컴퓨팅, 통신, 정보 관리)으로 평가될 것입니다.

## ■ UAM 회랑(Corridor)의 발전

- 초기 UAM 운영은 현재 검증 프레임워크를 사용하여 실행됩니다. 운영의 속도와 복잡성이 증가함에 따라 현재 검증체계(예 : VFR(Visual Flight Rules) 통로·이동 경로, T-루트)를 수용합니다. 운영 항공기 수와 복잡성이 계속 증가함에 따라 기존 UAM 회랑의 구현은 공역 사용자 및 ATS 서비스 제공자에게 운영 이점이 될 수 있습니다. 초기 UAM 회랑은 아래의 그림에서 설명된 것처럼 설계(예 : 단방향 UAM 회랑 또는 각 방향의 단일 트랙)가 단순할 것으로 예상합니다. UAM 회랑 정의는 AFR(Automated Flight Rule)을 일관되게 사용할 수 있을 것입니다.

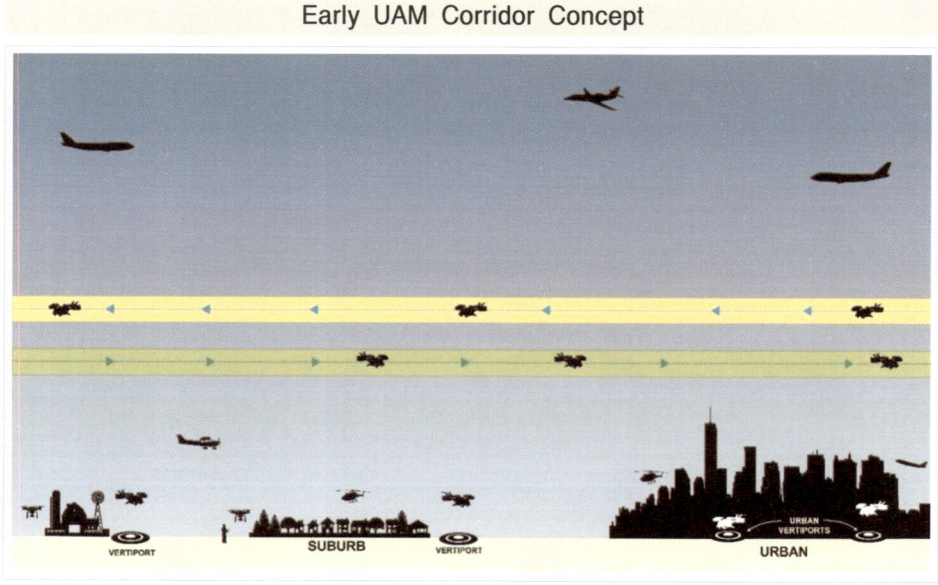

\* 출처 : Urban Air Mobility(UAM) Concept of Operations, Version 2.0, FAA

- 지속적인 UAM 성장에 따라 운영 수요가 UAM 회랑 초기 설계 교통량 초과 시 회랑을 포함한 추가 구조 및 향상된 성능(예 : UAM 회랑 내 안전 분리) 변화를 통해 운용 증가에 대응(내비게이션 등)할 수 있습니다. 추가 옵션에는 "통과 구역(Passing Zone)"과 같은 UAM 회랑 통신망 구성(Topology)의 변형이 포함됩니다.

    * 참고 : UAM 회랑은 주변 환경의 성능 요구 사항을 충족하는 항공기(운영자) 공역 등급(즉, ATS 환경)은 운영상 유리하다고 판단되는 서비스 환경에서 운영하도록 선택할 수 있습니다.

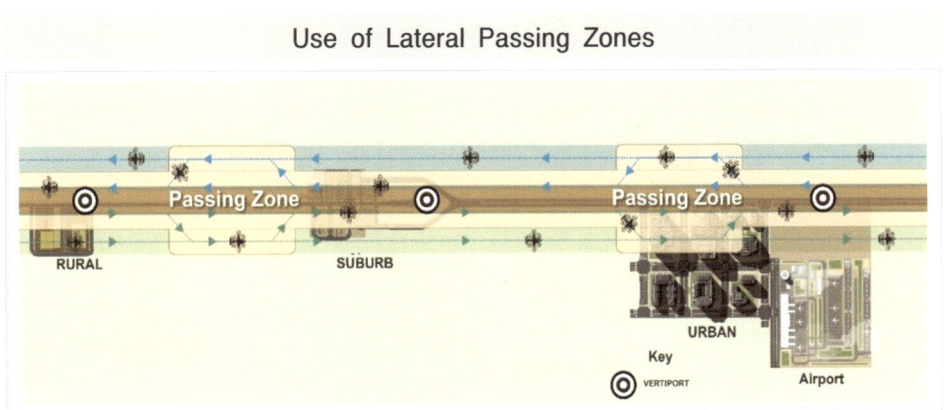

* 출처 : Urban Air Mobility(UAM) Concept of Operations, Version 2.0, FAA

- UAM 기채의 물리적 성능(예 : 속도) 향상으로 운용속도와 범위가 계속 증가하는 경우 UAM 회랑 내부에 추가 구조인 트랙을 반영합니다.

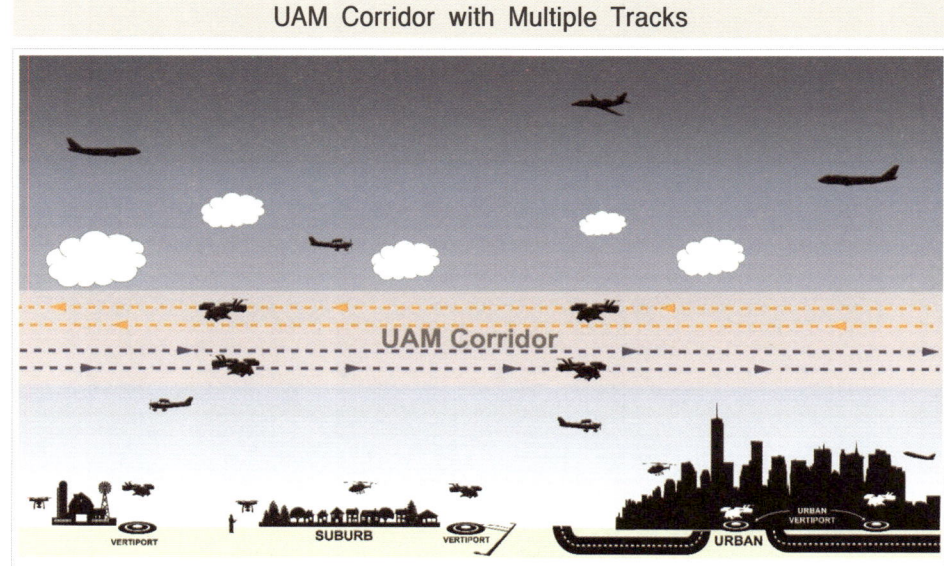

*출처 : Urban Air Mobility(UAM) Concept of Operations, Version 2.0, FAA

### ■ 미래 개념적 아키텍처

- UAM 협력관리 환경 내에서 FAA는 공역 및 교통운영에 대한 검증 및 운영 권한을 유지합니다. UAM 운영은 상호 운용 가능한 정보 시스템을 활용하는 분산 네트워크를 통해 연합협력자에 의해 구성, 조정 및 관리될 수 있습니다.
- 아래 그림은 UAM 행위자의 개념적 아키택처 상황별 흐름입니다. 집합적으로 운영되는 개별 PSU(Provider of Services for UAM)로 구성된 연합 서비스 네트워크는 UAM 개념적 아키텍처의 중심에 있으며 UAM 운영자, USS(UAS Service Supplier), SDSP(Supplemental Data Service Provider), FAA 및 공익 이해관계자, PSU는 SDSP로부터 UAM 운영 관리를 지원하는 보충데이터를 수신하고 관련 UAM 운영 데이터를 대중에게 제공합니다.

- PSU는 연합 서비스 네트워크를 통해 통신하고 조정합니다. 이를 통해 PSU에 연결된 다른 UAM 이해관계자(예 : UAM 운영자, ATC(Air Traffic Control), 항공법 집행 기관)가 연합 서비스 네트워크를 통해 공유되는 데이터에 액세스할 수 있습니다.

- PSU(Provider of Services for UAM)와 USS(UAS Service Supplier)는 협력적 분리가 잠재적으로 필요한 400ft 미만의 공역(예 : 버티포트)에서 UAM 및 UTM(UAS Traffic Management) 운용정보를 교환할 수 있습니다.

- 개념적으로 USS는 서비스 제공을 확장하여 PSU가 될 수 있으며 그 반대의 경우도 마찬가지입니다. 결합 된 서비스 제공업체는 UAM 및 UTM 환경 모두에서 운영을 지원할 수 있습니다. 이 아키텍처는 UAM 중심 아키텍처를 유지하면서 정보 교환을 위해 USS(UAS Service Supplier)에 대한 연합 서비스 네트워크의 연결을 묘사합니다.

- 버티포트는 연합 서비스 네트워크와 정보를 교환하여 UAM 운영자에게 상황 인식 및 자원 정보를 전달하며 PSU(Provider of Services for UAM)는 운영자가 각각의 출발 및 도착 시간에 존재하는 업무범위 및 상황적 제약을 인식할 수 있도록 집계된 버티포트 정보를 제공합니다. PSU는 잠재적으로 이 정보를 사용하여 추가 서비스를 제공(예 : 제안된 대체 버티포트, 출발·도착 시간)할 수 있습니다.

- 그림의 수직 점선은 UAM 일부분으로 상호 작용하는 인프라, 서비스 및 엔터티(Entity, 업무에 필요하고 유용한 정보를 저장하고 관리하기 위한 집합적인 것)에 대한 FAA와 관련 기업계 책임 간의 경계를 제시합니다.

- FAA 산업 데이터 교환 프로토콜((Protocol, 컴퓨터 내부에서, 또는 컴퓨터 사이에서 데이터의 교환 방식을 정의하는 규칙 체계)은 FAA가 요청 시 UAM 운영 데이터를 요청하고 FAA 정보를 연합 서비스 네트워크로 전송하여 서비스 보안 게이트웨이(Gateway, 컴퓨터 네트워크에서 서로 다른 통신망, 프로토콜을 사용하는 네트워크 간 통신을 가능하게 하는 컴퓨터나 소프트웨어)를 통해 UAM 운영자, PIC(Pilot-in-Command, 항공기의 조종사), UAM 항공기, 공익 이해관계자에게 배포할 수 있는 인터페이스(Interface)를 제공합니다.

## Notional UAM Architecture

**Color Key**
- FAA Function
- UAM Function
- Other Function

*출처 : Urban Air Mobility(UAM) Concept of Operations, Version 2.0, FAA

# 제7장

## 안전관리시스템 및 보안

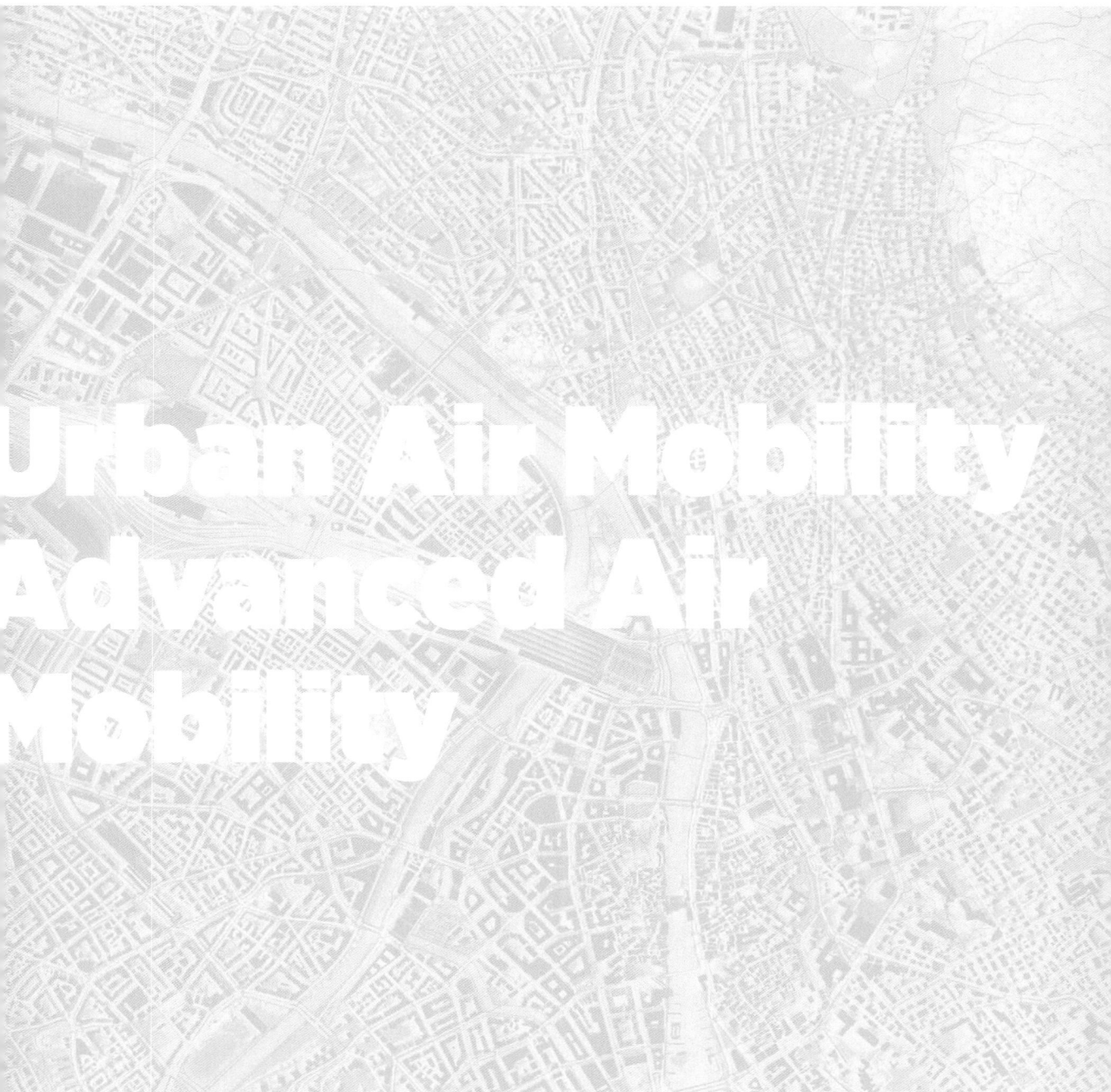

# 1 안전 관리 개요

- 안전 및 해당 SMS(Safety Management System, 안전관리시스템)는 전체 수명주기 동안 안전하고 확실한 구현을 보장하므로 각 기술의 통합 및 운용을 위한 통합기반입니다.

- 안전관리시스템 자체는 독립적인 기술이 아니라 운용 전에 배치해야 하는 기술을 사용하고 유지하는 방법에 대한 시스템을 나타내며 특정 표준의 안전 및 보안을 보장하기 위해 관련자에 대한 교육도 포함합니다.

- 모니터링 및 감사 메커니즘으로. 안전관리시스템은 상업용 항공 산업 내에서 고도로 발전되어 있으며, 종종 고도의 복잡성을 나타냅니다. 기존 항공의 SMS는 조종사와 승객의 안전을 보장하기 위해 50년 이상 지속적으로 발전해 왔기 때문입니다. ICAO(International Civil Aviation Organization) Annex 19에는 항공안전관리를 위한 표준 및 권장 관행(SARP : Standards and Recommended Practices)과 SMS 프레임워크(Framework)가 포함되어 있습니다. UAM 서비스 공급자는 가장 안전에 중요한 UAM 운용을 담당할 수 있으며 Annex 19 부록 2에 포함된 SMS 프레임워크와 비교할 수 있는 SMS를 구현해야 합니다.

- ICAO Annex 19를 기반으로 UAM 운용을 위한 실행 가능한 SMS 프레임워크가 이미 존재합니다. 그러나 UAM 생태계를 SMS로 완전히 포함하기 위해 현재 프레임워크에 대한 추가 수정이 필요할 것인지에 대한 여부는 현재 예측할 수 없는 상황입니다. 이는 주로 UAM 생태계의 대부분을 구성하는 신기술에 대한 성숙도가 낮으므로 신규 또는 개정된 규정의 기반이 될 수 있는 데이터가 충분하지 않기 때문입니다.

- UAM과 관련하여 규정 안전은 비행 전에 고려되어야 하며, 비행 중 관리되고 비행 후 평가되어야 합니다. 설계 및 운용 안전기술의 융합이 필요하고 점점 더 자동화되고 자율적인 시스템으로 통합하기 위한 요구사항에는 소프트웨어 실행의 증가로 새로운 인증 프로세스, 기술 및 표준이 필요합니다.

- 데이터베이스 관리 도구는 유용하지만 충분하지 않으며 데이터 분석은 UAM의 안전성을 예측 평가할 수 없습니다. 안전에 대한 보안 조치(예 : 사이버 보안)의 영향은 현재 SMS 접근방식내의 정보흐름에서 중요합니다. 적시에 결과를 제공하기 위한 데이터의 무결성과 데이터 가용성이 모두 완전하게 적용되어야 합니다.
- UAM 서비스 제공자는 현재 ICAO Annex 19 안전 관리 또는 ICAO Doc 9859 안전관리 설명서가 명시적인 언급이 부족합니다. 따라서 어떤 UAM 서비스 공급자가 SMS를 구현해야 하는지 명확해야 합니다.
- UAM, AAM 서비스 제공업체의 SMS는 운용상의 위험을 자체적으로 식별하고 제어 및 안전 필수서비스 사용에 의존합니다. 예를 들면 명령 및 제어(C2 : Command and Control·C3 : Communication, Command and Control) 링크 및 날씨정보 제공자가 포함됩니다. 안전 필수서비스와 관련된 위험을 관리하는 UAM, AAM 서비스 공급자를 지원하는 적절한 지침 자료(모범사례)가 필요합니다.
- 자율 또는 고도로 자동화된 UAM 항공기와 관련된 안전위험은 잘 알려지지 않았으며 이러한 측면은 안전관리에서 명확하게 해결되어야 합니다. 또한 제안 및 개발 중인 고도로 자동화된 시스템의 운용을 위해 전반적인 안전을 보장하기 위해 높은 수준의 보안 모니터링 및 분석이 필요합니다.
- 안전과 사이버보안은 반드시 종합적으로 다루어져야 하며 특히 안전 확보를 위해서는 사이버보안의 위험분석을 적용한 강화조치가 필요합니다.

# 2 안전 운영

- 안전은 UAM(Urban Air Mobility) 운영에서 가장 중요한 측면입니다. UAM 운영 영역의 안전을 유지하기 위해서는 인증의 다양한 측면인 훈련, 운용, 시스템 성능, UAS(Uncrewed Aircraft System) 트래픽 관리(UTM : UAS Traffic Management), 하부구조, 안전관리시스템(SMS), 보안 및 기타(예 : 인적, 조직적 요인 또는 생태적 측면)을 고려해야 합니다.

- 고도의 자율패러다임에서 작동할 것으로 예상되는 UAM 항공기 및 운용지원 시스템은 구성요소 및 시스템에서 활용되는 기계학습·인공지능에 대한 안전 보증 인수개발을 포함하여 새롭고 수정된 인증기술이 필요합니다.

- UAM 운용자 및 운영에 관련된 기타 이해관계자(예 : 버티포트 운용직원)는 비상시 통신, 악천후 회피(또는 비행), 우발상황 관리 및 시스템 성능저하와 같은 고유한 운용 요구사항을 반영하기 위한 적절한 교육이 필요합니다.

- 공역유형과 같은 운용 고려사항은 환경(면적크기, 밀도, 시간), 운송유형(화물, 에어택시, 상업용), 시스템도구(의사결정 지원, 통신시스템, SMS, 시퀀싱(Sequencing : 동일한 지점(활주로 또는 항공로 상의 동일한 경로지점(Waypoint))으로 비행 중인 항공기들 간의 순서를 결정해 주는 업무), 정보공유 및 데이터관리) 역할(ATC(Air Traffic Control, 항공교통관제) 조종사, 승무원, 항공사)을 고려해야 합니다.

- 시스템 성능 고려사항에는 초기 및 지속적인 감항성 평가, 사고 및 사고 조사, 제조 품질관리, 규정, 지침, 관행 및 사람과 자동화한 시스템 상호작용을 통해 안전이 중요한 상황에 대한 운용절차가 포함됩니다.

- 현재 UAM 운용의 안전을 보장하기 위한 허용기준이 필요합니다. 이 영역에 대한 안전표준 및 규정을 정의할 때 검증환경, 영향을 받는 항공기 자원 및 기타 현지 안전 고려사항이 가장 관련이 있습니다. 그러나 유사한 도시 환경에서 운용할 때 많은 공통적인 문제가 존재합니다.

- 미국의 FAA(Federal Aviation Administration)와 유럽의 EASA(European Union Aviation Safety Agency)는 각각 Part 135(헬리콥터) 운용과 UAV(Unmanned Aerial Vehicle) 운용에 적용되는 안전관리규정을 가지고 있습니다. 이러한 규정 중 일부는 많은 도시지역의 UAM으로 이전, 적용할 수 있으나 특정한 UAM 안전규정보다 빈번한 운항 및 UAM, AAM 임무에 맞게 조정되어야 합니다.

- 특히 UAM, AAM의 경로 계획(Route Planning)의 고려 사항은 FAA의 제한사항, 환경 제한, 로컬 영역 설정, 물리적 장애물 등을 고려하여야 합니다.

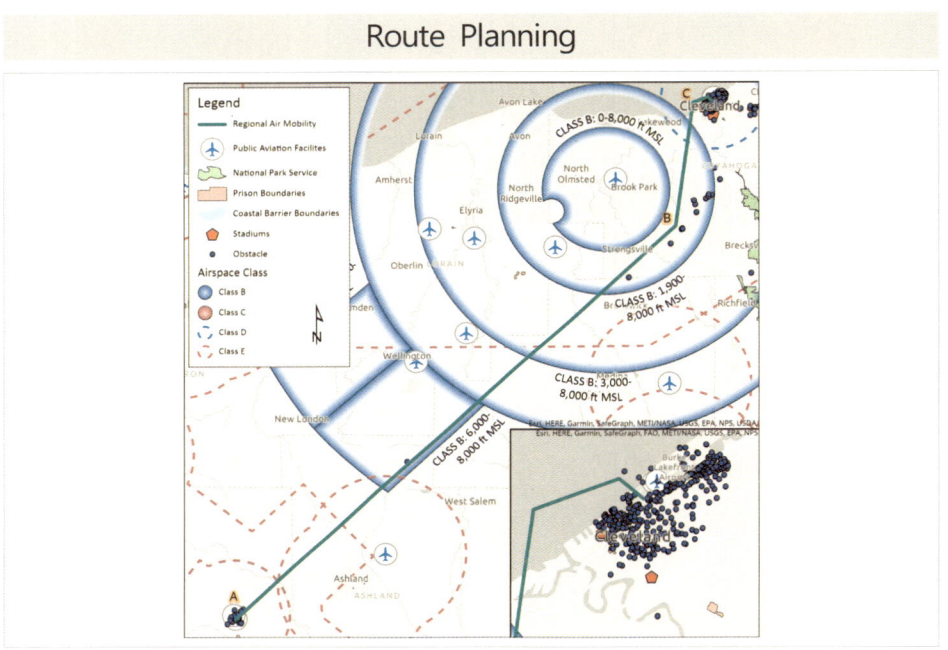

\* 출처 : Ohio AAM Planning Framework 2022.10.6.

- Part 135 규정이 출발점으로 사용될 수 있지만 UAM 운용이 확대되고 인구 밀도가 높아지면 UAM 안전규정은 변화·조정되어야 하며 자율성을 높이고 다양한 신기술을 고려한 인증기준이 필요합니다.

- 헬리콥터, 일반 항공기 및 자동차에 대한 안전지침 및 규정은 현재 존재하지만 모두 UAM 운용에 적용할 수 있거나 관련이 있는 것은 아니므로 지침에는 탐색, 분리, 통신 및 외부서비스와 같은 성능표준이 포함되어야 합니다.

- 보안, 승객 및 화물운송, 날씨문제 및 프로토콜과 같은 버티포트 표준, 의사 결정 지원, 상황인식, 통신 프로토콜(Protocol : 컴퓨터나 원거리 통신장비 사이에서 메시지를 주고받는 양식과 규칙의 체계) 및 시뮬레이션(Simulation : 실제로 실행하기 어려운 과정(Operation)) 교육도구가 필요합니다.
- 이를 통해 지원시스템 표준 전술적 분리, 우발상황 관리, 내부 충격성 분석, 도심항공교통 시뮬레이션시스템과 같은 혼합사용 표준과 다양한 운용 유형에서 통신 및 내비게이션시스템을 사용할 수 있도록 인터페이스를 표준화하는 것이 중요합니다.
- 특히 K-UAM 고성능 네비게이션은 안전·환경에 관련된 고해상도 기상정보, 전파간섭 현황 등 정보를 3차원 도심지도에 표출해 효율적으로 제공할 수 있는 정보수집·제공 체계를 구축('20~)하고 있습니다.
- 현재위치·경로상의 지형정보 등 3차원 공간정보를 통해 고도·속도 등 조정 지원과 현재위치·경로상의 구름, 강우현황 등을 표출·지원하여 경로·속도 등 수정 지원을 수행중입니다.

| 조종사 네비게이션용 3차원 공간정보 | 조종사 네비게이션용 기상정보 |
|---|---|
|  |  |

*출처 : 한국형 도심항공교통(K-UAM) 로드맵 2020.5.

- 자율 및 고도로 자동화된 항공기는 운용 중에 명확하고 해결해야 하는 다양한 안전위험을 초래할 수 있습니다. 이러한 위험을 해결하기 위해 제안된 UAM, AAM 운항이 안전하다는 것을 관련기관에 입증하는 것이 중요합니다.

# 3 보안 개요

- 안전한 UAM 운용을 보장하려면 새로운 사이버보안 기술을 개발하거나 항공, 특히 지대공 및 공대공 통신 및 항공기 보안을 위한 IT 보안기술을 변경해야 합니다. 현재 사용 초점은 영향에 대한 충분한 이해 없이 현재시스템에 IT 보안기능을 추가하는 것입니다. IT 보안기능(예 : 방화벽 및 침입 탐지시스템)은 항공시스템으로 완벽히 변환되지 않아 항공기 및 항공운항에 심각한 위협이 될 수 있습니다. 내부자 위협수준이 높아지면 직원은 위협을 완화하고 사이버 보안정책 및 모범사례를 준수하는 역할에 대한 교육이 필요하며 조직 내 보안 문화 활성화가 요구됩니다.

- 또한 지속적인 보안 개선을 보장하기 위해 프로세스와 플레이북을 주기적으로 재평가하고 테스트해야 합니다. 또한 특정지역에 대한 통관이 절대적으로 필요한 승객에 대해서는 공항이나 항공기에 탑승할 수 있도록 출입통제가 필요합니다.

- 현재 항공시스템 대부분은 지상 인터넷 기반시스템과 동일수준에 미약하나 일부 영역(참고 : GRAIN(Global Resilient Aviation Information Network) 및 IATF (International Aviation Trust Framework)에서 현대화가 진행되고 있습니다.

- 항공 사이버 보안표준은 많은 포럼에서 개발되고 있지만 조정 부족으로 인해 갈등과 혼란이 발생하고 있으며 보안 암호화 알고리즘은 양자 복호화(부호화(Encoding)된 데이터를 부호(Code) 되기 전 형태로 바꾸어, 사람이 읽을 수 있는 형태로 되돌려 놓는 것) 기술로 발전되고 있습니다.

- 인공지능(AI), 기계학습은 항공 사이버 보안에서 중요한 역할을 할 것입니다. 특히 새로운 기계 학습 모델은 이러한 정교하고 복잡한 위협에 대해 더 강력한 보호를 제공할 것입니다. 사이버 보안 위협에 대한 현재 항공전자시스템의 취약성에 대한 이해가 부족한 상황이며 CNS(Communication, Navigation, and Surveillance)를 포함한 항공통신 환경은 안전이 최우선되어야 합니다.

- 사이버 보안은 보안을 배제한 기술과 운용상의 보안 격차로 이어지는 개발 과정에서 자주 후단에서 고려합니다. 사이버 보안의 영향을 받는 실제 안전 위험에 초점을 맞춘 위험 관리 관행도 제한적입니다.

- 마이크로(Micro, 작은) 세분화와 같은 전략은 네트워크를 여러 마이크로 세그먼트(Segment, 분할, 구간, 세부부분, 쪼개는 것)로 나누고 별도의 액세스 권한을 적용하는 데 사용합니다. 마이크로 세분화는 데이터센터와 클라우드 환경을 개별 워크로드 수준까지 세그먼트로 나눕니다. 운영조직은 마이크로 세분화를 구현하여 공격 분리를 줄이고 규정준수를 달성하며 위반을 억제합니다. 빅데이터 및 예측분석 운용은 항공보안을 개선할 수 있는 유망한 영역을 나타냅니다.

- 연결성, 운용 또는 예측 유지보수를 포함한 모든 항공생태계 전반에 걸쳐 대량의 항공데이터를 제공할 항공기 센서, 프로세서(Processor)는 발전되고 운용개념은 처음부터 사이버 보안과 함께 개발되어야 하며 IT 사이버 보안기능을 운용기술 항공 사이버보안 운용개념으로 변환하기 위한 방법론을 개발해야 합니다.

- 테스트는 보호 수준을 평가하는 데 필요하며 사이버 전문가가 시스템에 대한 액세스 권한을 얻으려고 시도하는 침투 테스트(또는 "레드팀 구성")와 보안 결함을 찾기 위한 취약성 테스트를 포함합니다.

- 항공 시스템은 취약점이 존재하고 해당시스템을 공격하거나 해당 취약점을 악용할 수 있습니다. 또한 항공 사이버 보안 표준을 개발하고 조화시켜야 합니다.

# 4 데이터 보호

- 데이터 보안은 IT(Information Technology) 보안의 비교적 성숙한 초점이며 일련의 보호기술 및 데이터 민감도 분석을 기반으로 합니다. 시스템 보안기술 사례는 법적규제, 계약 또는 기타 데이터 민감도 요구사항에 대한 보호 요구 사항을 일치시키고 데이터를 포함하거나 제어하는 시스템에 대한 보안 개발을 위해 사용됩니다.

- IT 보안에 사용되는 기술은 방화벽 및 침입 탐지시스템과 같은 네트워크 보안 기능에서 암호화에 의존하는 지역화 된 데이터(사용자, 구성요소 식별, 다양한 모니터링 기능) 보호기술에 이르기까지 다양합니다.

- 운용기술(OT : Operational Technology)은 IT와 달리 일반적으로 다음에 영향을 미치는 디지털 기술로 정의되며 비행관리시스템, 엔진제어, 항공교통관제시스템 등이 포함됩니다. 따라서 비행 궤적, 항공기 안전 및 물리적 영향을 유발할 수 있는 기타시스템을 관리합니다.

- OT 환경, 특히 UTM(UAS Traffic Management) 환경의 데이터 보안은 설계 완성도가 높아야 합니다. UTM의 일부 측면은 잘 다루어졌으며 기능 아키텍처 내의 보안은 IT 보안 네트워크 개념 및 기준을 기반으로 합니다.

- 데이터 보안에 대한 현재 시도의 대부분은 IT 보안개념을 OT 환경으로 변환에 중점을 두고 있으나 이 접근방식은 고려사항이 많습니다. 물리적 세계와의 OT 상호작용을 제외하고 OT 환경은 IT와 같은 "항상 연결된" 환경이 아니며 IT의 기술 및 개념에 잘 매핑(Mapping : 하나의 값을 다른 값으로 대응시키는 것) 되지 않는 다양한 운용 및 기술로 구성됩니다. 따라서 방화벽이나 침입탐지시스템과 같은 IT의 개념 유형 보안제어 및 암호화는 일반적으로 IT 보안데이터 보호에 사용되는 방법론입니다.

- IT와 항공 OT(Operational Technology) 보안 산업 간의 현재 차이점은 많습니다. 데이터 보안에서 행위자를 식별하고 적절한 액세스 및 운용을 연결하는 기능이 중요합니다. 이러한 기능에 영향을 미치는 데 필요한 기술은 IT에서 사용되는 기술과 상당히 다를 수 있습니다. 항상 연결되는 환경에서 보호 요구를 제공하는 것이 중요합니다.

# 제8장

## 통신, 항법, 감시

# 1 통신, 항법, 감시 개요

- TSP(Third-party Service Provider, 제3자 서비스 제공자)는 비행경로를 따라 성능 요구사항(버티포트 주변 운용포함)을 충족하는 데 필요한 지휘통제 및 DAA(Detect And Avoid) 기능을 제공합니다. 기존 지상 인프라의 가용성을 고려하여 TSP는 버타포트에 C2(Command and Control) 및 DAA(Detect And Avoid) 장비를 함께 배치하도록 선택할 수 있습니다. 그러한 장비의 물리적 위치에 관계없이 안전한 이착륙 운용을 보장하려면 버티포트에서 TSP(Third-party Service Provider, 제3자 서비스제공자)가 제공하는 서비스가 필요합니다.

- 버티포트는 주변의 운용을 지원하기 위해 추가 통신이 필요할 수도 있습니다. 여기에는 VM(Vertiport Manager)과 FOC(Fleet Operations Center) 간의 통신뿐만 아니라 공항 분리(Separation)의 관리자와 지원 직원 간의 통신도 포함됩니다.

- UAM 항공기의 정밀 착륙을 위한 PNT(Positioning, Navigation, and Timing) 정확성, 무결성 및 가용성 요구 사항을 충족하기 위해 GNSS(Global Navigation Satellite System) PNT는 지상 기반 증강시스템 또는 대체 PNT 솔루션을 통해 강화될 수 있습니다.

- 기상 장비는 UAM 버티포트에는 현장 기상 센서를 통해 최신 기상 정보가 제공됩니다. 새로운 이 센서는 표준 기상 정보를 제공합니다. 온도, 기압, 밀도, 강수량, 3D 바람 정보 등이 포함됩니다. 이상적으로는 3D 바람 정보가 로터 후류 간섭을 피하기 위해 버티포트의 다양한 외부 주변 위치에서 측정됩니다.

- UAM, AAM 항공기는 저고도 및 도시지역에서의 비행을 포함할 것으로 예상되며 미세 날씨에 노출될 것입니다. 항공기는 기존 항공기보다 비행경로를 따라 역경 수준의 특정한 규칙, 독특한 날씨 패턴(Pattern)의 영향을 받을 수 있습니다. 특히 강한 풍속 구배, 도시 상승 및 하강기류, 건물 후류 전단, 소규모 난기류, 도시 와류 발산 및 추운 기후에 대한 국부적 착빙 현상을 포함하여 생존해야 합니다.

- 저고도 및 도시환경에서 생성된 이러한 기상 패턴은 지구 기상보다 더 짧은 시간 단위로 발생하며, 이는 UAM, AAM에 대한 기상 위험의 영향을 완화하는 데 필요한 기술에 더욱 도전합니다. 기존 기상 관련 항공 기술에 필요한 변화에는 고정식 기상 감지 시스템의 발전이 포함됩니다.

- 더 작고 가벼운 UAM, AAM 항공기는 미세 기상 패턴에 더 민감할 것으로 예상되며 새로운 기상탐지 및 완화 기술 발전은 안전한 운용을 가능하게 하고 전통적인 항공 분야에도 영향을 미칠 것으로 예상합니다.

- 초기 UAM, AAM 상업 운용은 오래 지속되는 맑고 바람이 적은 날씨가 예측될 때 안전하게 수행될 수 있습니다. 그러나 악천후의 경우 운용자는 안전한 작동 조건을 평가하기 위해 공항 기상 보고 및 온보드 항공기 안정성 센서에 의존하고 있습니다. 가혹한 북유럽 및 북극 조건(높은 산 고도 및 도시 기류)에서 UAS (Uncrewed Aircraft System)의 작동과 관련된 문제가 확인되었으나 고도의 미세 날씨 감지·예측의 징후는 공개되지 않았습니다. 저고도에서 발견되는 결빙 및 복잡한 기류에 대한 항공기의 민감도 증가를 입증하는 소형 항공기 내후성 이해에 대한 일부 개발이 진행 중입니다.

- 또한, 버티포트의 유지와 경로 수정은 도시 기류로 인해 어려움이 예상되기 때문에 확장 운용에는 각 항공기 운영의 비행경로 제어 허용 오차를 설명하는 데이터의 관리가 요구됩니다.

- 공항이나 헬기 이착륙장은 제빙시설을 추가하고 구조물의 후류에서 떨어진 TLOF (Touchdown and Lift-Off) 위치를 선택하여 UAM, AAM의 요구에 맞게 조정할 수 있습니다. 날씨와 관련된 주요 안전 고려사항은 비행 안정성에 대한 날씨 영향으로 인한 충돌 및 전원·제어 상실입니다.

- 도시 구조로 인한 악천후 영향을 완화하기 위한 버티포트 표준에는 더 짧은 간격으로 보고하는 전략적으로 밀접하게 배치된 기상 관측소가 포함됩니다. 대규모 기상 통신을 위한 ASTM(American Society for Testing and Materials) UAS 기상 표준 및 인프라가 진행 중이지만 새로운 결빙·감지 기술 인증에 대한 표준의 마련이 필요합니다.

- 전천후 복원력이 있는 UAS(Uncrewed Aircraft System)·eVTOL 운용을 달성하고 벤치마킹(Benchmarking)하기 위한 기술 및 설계 검증 요구 사항과 표준 및 운용 관행은 아직 공개되지 않았습니다.

- 기본 수준에서 날씨 및 UAM, AAM(날씨 내성, 돌풍·난기류, 비행 안정성)과 관련된 정의는 통합적인 산업의 성장을 위해 보편적이어야 합니다. 보편적인 어휘 및 기술 정의는 현재 존재하지 않는 내후성 관련 기술 및 비행 안정성 기준에 대한 글로벌 OEM(Original Equipment Manufacturer) 표준의 일관성을 촉진합니다.

- 버티포트 및 온보드(Onboard) 센서의 기상 감지 시스템의 기술 발전과 투자 수익을 제공하는 실행 가능한 비즈니스 사례의 개발, 기상 관측 및 중계 정보를 보다 빠른 속도로 얻으려면 센서 설치가 필요합니다.

## 2 운용 절차

- 통신 원격 측정, C2(Command and Control), 조종사·승객 음성 및 비명목 통신을 포함하는 필수 UAM, 데이터 서비스는 서비스 범위 수준이 도시 환경으로 확장되는 기존 항공 솔루션(solution, 사용자의 필요성을 충족하면서 문제를 처리해 주는 하드웨어 또는 소프트웨어) 보다 더 안정적이고 안전해야 합니다. 구현에는 위성통신(SATCOM, Satellite Communications)이 포함될 수 있습니다. V2V(Vehicle to Vehicle) 기술, 특수 제작된 A2G(Air to Ground) 네트워크, 비(非) 항공 고객을 위해 설계된 무선 서비스(예 : 휴대전화, 위성) 등입니다.

- 원격 조종 UAM 운항을 위한 온보드 내비게이션(Onboard Navigation) 서비스는 사이버 보안 위협, 까다로운 운용 환경, 자체 보고 위치 정보에 대한 의존도 증가로 인해 기존 항공 내비게이션 서비스보다 안정적이고 유비쿼터스(Ubiquitous : 언제 어디서나 사용할 수 있는 컴퓨터 환경(가상 및 현실 공간))이며 더 안전해야 합니다.

- 전술적 충돌 방지를 지원하기 위한 새로운 V2V(Vehicle to Vehicle) 통신 기술 및 표준, 자체 보고된 UAM 위치 데이터를 검증하고 기존 항공 레이더 서비스 범위 아래에 있는 공역에서 비(非) UAM 물체를 식별하는 비협조 감시 기술이 필요합니다.

- 현재 미국에서는 합의된 UAM CNS(Communication, Navigation, and Surveillance) 요구사항이 없으므로 승인된 UAM CNS 기술 또는 표준이 필요합니다. 아래의 여러 후보 기술은 다양한 기술 성숙도를 가지며 적합성을 확인하기 위해서 테스트가 요구됩니다.

    - UAS 특정 C2(Command and Control) 서비스(예 : RTCA, 항공기술위원회) DO-362, AURA(Advanced Ultra Reliable Aviation) 네트워크
    - 상업용 셀룰러(Cellular : 이동 무선 통신에서 셀의 설치에 따라 통신망을 구성, 운용하는 것)
    - 상업 위성

- 글로벌을 포함하되 이에 국한되지 않는 여러 위성 기반 위치, 내비게이션 및 타이밍(PNT, Positioning, Navigation, and Timing) 소스 GNSS(Navigation Satellite System) 서비스
- 다중지상 기반 PNT 소스 및 착륙 지원 기술
- 협력 감시를 위한 V2V(Vehicle to Vehicle) 통신기술
- 비협조 감시를 위한 저전력 레이더(Radar) 및 방사 추적 기능

**UAM CNS 기술 대안**

| 통신 | 항법 | 감시 ||
|---|---|---|---|
| | | 항공기 | 지상 |
| C밴드C2 | GNSS | ACAS-X | ADS-B (송신UAT, 수신Mode-S, UAT) |
| VSAT (위성통신) | SBAS | ADS-B (송신 UAT, 수신 Mode-S, UAT) | MLAT |
| LTE, 5G | GBAS | FLARM | 광학감시 |
| 6G | RTK | 레이더(RADAR) | 음파탐지 |
| LDACS | 영상인식 | 라이다(LiDAR) | 레이더 |
| 비허가 대역 RF | 정밀 이착륙 지원 시스템 | 광학감시 | 라이다 |
| | | 초음파센서 | Remote ID 수신 |

\* 출처 : UAM CNS와 인천국제공항 추진현황, 이용길, 2023.12.4.
\* VSAT : Very Small Aperture Terminal
\* GNSS : Global Navigation Satellite System
\* LDACS : L-band digital aeronautical communication system
\* SBAS : Satellite Based Augmentation System
\* GBAS : Ground Based Augmentation System
\* ACAS X : Airborne Collision Avoidance System X
\* ADS-B : Automatic Dependent Surveillance - Broadcast
\* UAT : Universal Access Transceiver
\* FLARM : an acronym based on 'flight alarm'
\* LTE : Long Term Evolution
\* RF : Radio Frequency

- UAM CNS(Communication, Navigation, and Surveillance) 기능 및 성능 요구 사항은 표준 개발 및 검증·인증 절차에 따라 개발되고 합의되어야 합니다. 기존 기술과 인프라가 UAM 운용 지원 여부는 표준이 있어야 합니다. 운용 실험은 기술 개발을 촉진하고 표준 기관에 정보를 제공하기 위해서 임시로 수행되어야 합니다.

- 알려진 UAM CNS 기술 과제는 사이버 보안, 스펙트럼(spectrum, 어떤 복합적인 신호를 가진 것을 1~2가지 신호에 따라 분해해서 표시하는 기술) 가용성, 확장성, 신뢰성, 중요성, 도시 환경의 범위 및 저고도 감시가 포함됩니다. 이 설계 공간의 비기술적 과제는 비즈니스 실행 가능성입니다. 미국에서 UAM CNS 서비스는 민간 산업에서 소유하고 운용할 가능성이 높으므로 충분한 규제 감독을 허용하면서 수익성을 달성해야 합니다.

# 3 미래 기술

- 탑승 조종사 UAM 항공기에 대한 프로젝트가 이미 진행 중이고 ~2025년경 시점으로 발전될 것으로 예상되며 버티포트(Vertiports), 전력 공급 및 항공교통관리(ATM : Air Traffic Management)와 같은 인프라 구축에 시간이 필요할 것입니다. 안전 데이터의 수집을 위한 많은 시범 프로그램이 운용에 영향을 미칠 것이며 이러한 프로그램은 국가별로 다를 가능성이 높고 일부는 해외 검증기관과의 공동 노력 중입니다.

- 초기 탑승 조종사 운용에 필요한 UTM(UAS(Uncrewed Aircraft System) Traffic Management) 기술에 대한 함의가 필요합니다. 초기 운용이 현재 검증 구조(예 : 시계비행규칙(VFR, Visual Flight Rules))에 따라 정의된 경로에서 운용되는 소수의 항공기로 구성될 것이기 때문에 초기 파일럿(Pilot) 운용에는 UTM이 필요하지 않을 것입니다. 반면에 UTM이 비행계획, 지오펜싱(Geofencing), 감시와 같은 기능의 효율성 향상을 위해 도시환경에서 작동하는 것이 필요합니다.

- UAV(Unmanned Aerial Vehicle)은 비행할 수 없는 지역에 자주 직면하게 됩니다. 예를 들어, UAV가 공항에 너무 가까이 비행한다면 비행기 이착륙에 위험을 초래할 수 있습니다. 이러한 잠재적인 위험에 대처하기 위해서 지오펜싱이라는 기술이 사용됩니다. 지오펜싱(Geofencing)은 GPS(Global Positioning System) 좌표 또는 무선 주파수 전송을 사용하여 지리적 경계(가상 장벽)를 정의하는 것입니다. UAV의 제어시스템에 설치된 마이크로컴퓨터는 자동으로 위치를 모니터링(Monitoring) 합니다.

- UAV(Unmanned Aerial Vehicle)가 제한구역에 너무 가까워지면 마이크로컴퓨터가 항공기를 제어하고 제한구역에서 벗어납니다. 어떤 이유로든 이것이 실패하면 UAV 비행은 종료되며 제한구역 외부에 강제로 착륙시킬 수도 있습니다. 정부 규정에 따라 지오펜싱 영역이 결정되며 이 정보는 UAV의 마이크로컴퓨터에 자동으로 업로드됩니다.

*출처 : NASA

- AAM이 해결하려고 하는 또 다른 문제는 두 개 이상의 UAV(Unmanned Aerial Vehicle)가 서로 너무 가까워지는 경로로 비행할 때 충돌을 방지하는 것입니다. UAV는 DAA(Detect and Avoid, 탐지 및 회피)라는 프로세스를 통해 위험이 있는지 자동으로 판단하고 다른 UAV를 피하기 위해 비행 경로를 조정합니다. 지오펜싱에 사용되는 UAV의 동일한 마이크로컴퓨터가 DAA 프로세스도 제어합니다.

- UAV(Unmanned Aerial Vehicle)가 비행할 때 마이크로컴퓨터는 현재 위치와 의도된 경로를 결정합니다. 이 정보는 근처에 있는 다른 UAV에 전송되어 충돌 위험 여부를 계산할 수 있습니다. 위험이 없으면 UAV는 현재 비행경로를 따라 계속 운용되며 비행경로가 서로 너무 가까울 경우 마이크로컴퓨터는 어떤 UAV가 우선순위를 갖는지 결정하고 그에 따라 경로 또는 속도를 조정합니다.

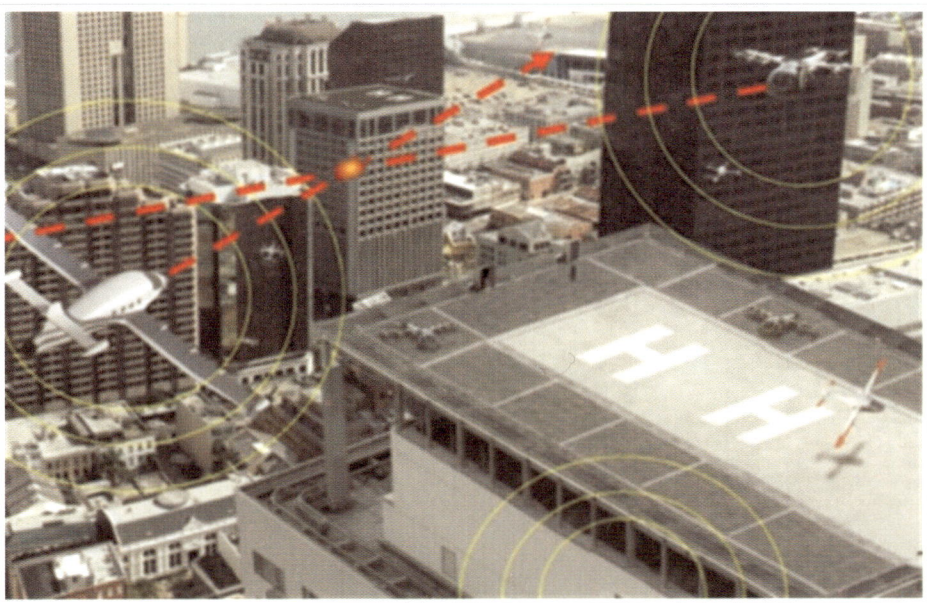

Autonomous UAVs transmit flight information to other UAVs to detect and avoid dangerous situations

\* 출처 : NASA

- 원격조종 운용으로 UAM 항공기를 인증하려면 많은 기술 문제를 극복해야 합니다. GPS(Global Positioning System) 거부 운용 기술(DAA, UTM(UAS Traffic Management), 날씨, 추적 등)과 같은 비(非) 조치를 위한 중요한 자동화 구성요소의 복잡성과 마찬가지로 UAM 배터리 및 플라이바이 와이어(FBW, fly-by-wire : 항공기 비행 제어시스템의 하나로, 기계적 제어가 아닌 전기 신호에 의한 제어를 의미) 기술의 인증은 기존 항공기 및 UAS(Uncrewed Aircraft System)에서 증가하는 응용 프로그램을 활용할 것입니다.

- 자율성에 대한 사회적 관심도 자동화 기술 인증에 중요한 역할을 할 수 있습니다. 향후 예상되는 광범위한 탑승 조종사 프로그램은 농촌, sUAS 및 낮은 복잡성 도시 운용과 같은 저위험 운용 및 시연에 중심이고 자동화 기술, 새로운 시스템 아키텍처, 지역 사회의 평가에 대한 운용 데이터 수집에 초점을 맞출 것입니다.

- 사회적 반응 및 기타 고려사항은 초기 시범운용을 위한 UTM(UAS(Uncrewed Aircraft System) Traffic Management)에서 영감을 받은 개념의 필요성에 대해서는 의견이 다양하나 시골지역은 UTM 없이 초기 원격조종 운용의 대안이 될 가능성이 높습니다. 그러나 UTM은 대규모 원격조종 및 기타 UAM 운영 가능에 필요한 기본적인 기술이 될 것으로 예상합니다. 미국 NASA 전국 캠페인, 한국(K-UAM) 그랜드 챌린지, 영국 연구 및 혁신(UKRI : UK Research and Innovation) 퓨처 플라이트 챌린지(Future Flight Challenge), 유럽연합(EU) SESAR(Single European Sky ATM Research)의 국가 및 국제적인 노력을 진행하고 있습니다.

- 평가 중인 아키텍처(Architecture)의 일부로 UTM에서 영감을 얻은 개념을 테스트하고 평가합니다. UTM은 비행계획·승인, 감시, 모니터링 및 전략적 충돌 관리를 위한 초기기능에 기여될 것으로 예상합니다. 향후 원격조종 운용의 경우 UTM은 완전히 사용 가능서비스로 전환될 가능성이 높습니다. 전술적 분리, 교통관리, 날씨 회피 및 공역 안전을 강화하기 위해 제공되는 기타 권장사항 또는 지침을 포함한 안전요소를 담당합니다. 예상되는 초기 환경은 탑승 조종사 운영으로 특정사용 사례일 것입니다.

- 탑승 조종사 UAM 운용을 위한 초기 상용의 잠재적인 기능 사용 사례는 재난 대응, 항공 구급 또는 메디컬 서비스와 같은 공공재 운용에서 도심 비즈니스 등 다양합니다.

- 특정 지역 및 국가는 진행 중인 대규모 투자에 따라 미국 및 유럽연합 회원국과 아프리카와 아시아의 일부 지역은 검증 프로세스 용이성으로 조기성과 창출 가능성이 높습니다. 또한 2024년 파리 올림픽에 승객을 태우기 위해 전용 AAM(Advanced Air Mobility) 비행경로를 사용하는 것과 같은 예외입니다.

- 원격조종 상업 운용이 나타날 가능성이 있는 사용 사례로 에어택시(Air Taxi) 또는 셔틀(Shuttle) 서비스, 의료 운송, 화재 모니터링 및 진압, 원격 또는 도시 패키지 배송이 예측됩니다. 기업계와 투자자는 초기 운용의 전망과 위험, 확장 가능성 비즈니스 사례로 전환하는 방법을 평가할 것입니다.

- 시장조사를 통해 많은 잠재적인 사용 사례가 확장됨에 따라 수익성이 있음을 예상하나 경제적인 관점에서 볼 때 가장 유망한 사용 사례는 도시 지역에서 승객을 태우는 에어택시 운용입니다. 초기 UAM 준비는 점점 더 복잡해지고 보편화될 가능성이 높습니다. 주요 예로 이미 뉴질랜드는 극단적인 시골 지역에서 이루어지고 있으며 미국과 일본을 포함한 다른 많은 국가에서 운용이 계획되고 있습니다.

- 성숙도가 증가하는 운용 시연은 많은 국가의 사업 및 정부 정책 수행으로 예상됩니다. 지역 화물 운송을 포함하는 AAM은 복잡한 UAM 개념의 전 단계입니다. 원격조종 재래식 항공기의 초기 서비스는 UAM 채택에 대한 정부의 태도에 따라 어디에서나 도입될 수 있습니다. 환경은 계속 발전하겠지만 더 우호적인 검증 환경은 시장 수요와 인프라에 대한 투자 없이 안전 또는 고수익 시장으로 전환되지 않습니다.

# 제9장

# 운용 서비스

# 1 에어택시

- 조종사 탑승 에어택시에 대한 지원 고려 사항은 RAM(Regional Air Mobility)에도 적용되지만 고려하여야 사항이 있습니다. RAM에 사용되는 항공기는 더 많은 수의 요청 운용이 아닌 정기 서비스를 이용하여야 합니다. eVTOL 항공기 외에도 유인 및 무인 eCTOL(electric Convertional Takeoff and Landing), eSTOL(electric Short Takeoff and Landing) 항공기가 등장하고 있으며 RAM에서 중요한 역할을 할 것입니다. 이러한 항공기는 이착륙을 위해 더 넓은 공간이 필요할 수 있습니다.

- 필요한 지원에는 도시 간 여행이 발생한다는 점을 고려하는 경우 지역의 추진 전략을 조정하고 공유하는 것이 중요합니다. 예를 들면 RAM(Regional Air Mobility)에 사용할 항공기 유형의 수로 인해 AAM(Advanced Air Mobility) 운용자는 사용을 고려할 수 있으며 기존 항공 시설과 활주로를 사용하여 운영 및 전력 효율성 측면을 극대화할 수 있습니다.

- 일반 항공 시설의 직원 제한은 UAM, AAM 운용을 지원할 수 있는 능력이 미미할 수 있으므로 고려해야 합니다.

- 초기 UAM, AAM의 주문형 에어택시(Air Taxi)서비스를 위한 도심 또는 교외 버티포트 위치는 출발지에서 목적지로 이동하기 위하여 요구되는 경로로 정의되는 영역에 위치합니다.

- 에어택시의 범위는 항공기의 유형과 기종 수, 필요한 인프라 지원에 따라 달라집니다. 항공기 유형은 높은 수준의 다양한 용도가 요구되는 VTOL(Vertical Takeoff and Landing)이어야 하며 현재 설계된 eVTOL(electric Vertical Takeoff and Landing) 항공기에는 다양한 유형이 모두 포함됩니다.

- 에어택시 운영을 위해서는 소형 항공기, 연속 운용, 높은 수준의 다용도성을 지원하기 위한 부지 선정과 공역, 조닝(Zoning : 공간을 사용 용도와 법적 규제에 따라 기능별로 나누어 배치하는 일), 운항 거리, 비즈니스 사례를 고려하여 버티포트를 준비하는 것이 중요합니다.

- 초기 UAM(Urban Air Mobility), AAM(Advanced Air Mobility)의 운용을 위한 버티포트(vertiport)는 민간 투자로 주도될 것이며 화물 및 비상시를 제외한 산업 분야로 더욱 확장됨에 따라 이착륙 위치의 제한된 가용성을 해결하기 위해 공공 버티포트가 등장할 것으로 예상합니다. 배터리 충전 인프라 구축을 위한 유용성 및 요구사항은 지역, OEM(Original Equipment Manufacturer)과 협력해야 합니다.

- 다수의 원격 조종 항공기 운용자는 더 작고 저렴하며 유지 보수가 쉬운 착륙장을 계획하고 있습니다. 적절한 구역 설정과 원격 관제 시스템(rTWR : Remote Tower) 기술만을 필요로 하는 경우가 많습니다. 이러한 사용 사례가 확대되고 경제 발전을 촉진하려면 이중화 기능의 강력한 통신 인프라가 중요합니다. 예를 들어, 버티포트는 중복 고속 데이터 통신 및 연결이 요구되므로 정부와 통신 공급자와의 협력은 sUAS(Small Uncrewed Aircraft Systems)에 있어 매우 중요하고 FAA(Federal Aviation Administration)와 FCC(Federal Communications Commission 미연방통신위원회)는 UAM, AAM 통신을 위한 전용 주파수를 설정하기 위해 협력해야 합니다.

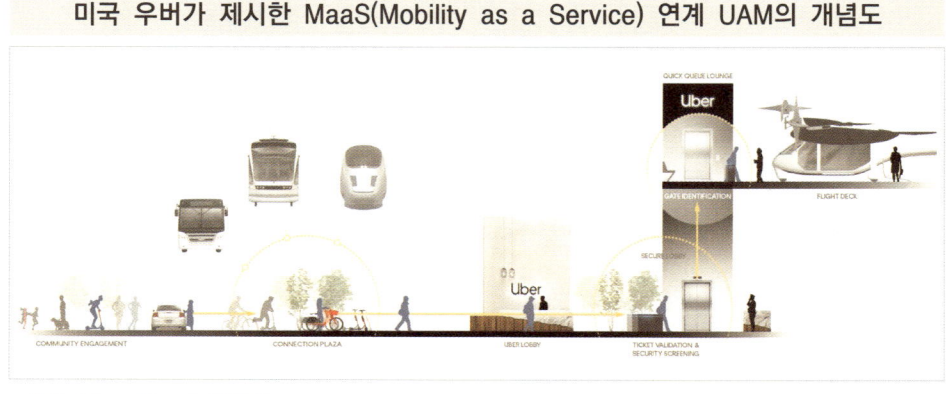

미국 우버가 제시한 MaaS(Mobility as a Service) 연계 UAM의 개념도

*출처 : Uber Elevate(2019)

- UAM, AAM 승객 서비스의 개시 및 규모를 촉진하기 위해 USS(United States Ship), PSU(Passenger Service Unit, 여객서비스 유닛), UAS 교통 관리, 감지 및 회피시스템용 레이더, 명령 및 제어용 통신 시스템, 적시 항공 관리 시스템을 지원하는 인프라에 대한 투자, 센서·네트워크 상태 및 무결점을 위한 기상 시스템 및 인프라, 공공 부문 모니터링 및 완화를 고려하여야 합니다. 이를 통해 운용자는 수집 중인 데이터(날씨 등)를 공공 부문과 공유할 수 있습니다.

- 지역, 비즈니스 협회 및 UAM, AAM 관련기관은 소비자, 승객 및 잠재적으로 환경에 대한 이점에 초점을 맞추면서 사회 문제(청각·소음·시각 및 지역 형평성 등)를 해결하기 위해 노력하고 공교육은 과학기술에 대한 사용자의 신뢰를 마련하기 위해 중요합니다.

- 긴급 유지 보수를 위해 일부 예비 부품을 버티포트 내에 보관할 수 있지만 전체정비 및 일반 유지 보수는 외부에서 수행해야 합니다. 강력한 생태계를 위한 부품 공급 업체와의 근접성은 현지 공무원이 고려해야 할 사항입니다. 새로운 기술 조합을 포함하도록 인력 교육 프로그램을 설정하거나 확장해야 합니다. 운용자는 조종사와 특별히 훈련된 정비사가 필요합니다.

- 새로운 인증은 관련 교육을 고려하여야 합니다. 예를 들어 FAA 인증은 고전압 분야를 다루지 않으므로 관련 업계가 환경 변화에 따라 조종사와 원격 운용자가 국제적으로 경쟁력을 유지하고 UAM, AAM의 새로운 요구 사항을 충족할 수 있는 인증을 검토해야 합니다.

- 자동화를 통한 조종사 요구사항 감소는 증가하는 인력수요 충족을 위하여 조종사 인증에 반영되어야 합니다.

- 배터리 화재는 일반적인 시설 화재와 다르므로 eVTOL 지원 인프라에 대한 화재 코드는 발전해야 합니다. 다양한 항공기 조합을 수용하기 위해 여러 가지 유형의 연료(전력, 수소, 기존 석유 기반 연료)를 저장하는 시설이 필요할 수 있습니다.

## 2 공항 셔틀

- 상업 서비스 공항의 엄격한 보안 요구 사항과 결합 된 UAM, AAM의 급격한 증가를 고려할 때 안전한 공항 셔틀(Shuttle) 운용을 위해 관련 업계 이해 관계자, 공항 관리 및 지방 정부 간의 광범위한 협력이 필요합니다.

- 잠재적 부지 위치는 에어사이드(Air Side, A/S, 항공기 이동지역)에서 랜드사이드(Land Side, L/S, 일반업무지역), 오프사이트(Off-site, 현장에서 벗어나서 발생하는 지역)까지 다양할 수 있지만 여객 터미널 시설과의 근접성을 부여합니다. 따라서 현장 공항 셔틀(shuttle) 서비스의 경우, 버티포트 위치에서 여러 운용자에게 서비스를 제공할 수 있도록 인프라와 공유되며 여러 항공기 유형에 서비스를 제공해야 합니다. 공항 또는 그 근처에 있는 셔틀 출발·종료 지점에서는 사전 검색, TSA(Time Stamping Authority, 시점 확인 서비스) 및 수화물 처리와 같은 필요한 보안 조치를 고려·조정해야 합니다.

- 기존의 공항 운용과 마찬가지로 항공기의 사용가능 이착륙의 거리 연결성은 중요하며 지상 운송지원의 통합으로 공항지역의 혼잡을 방지해야 합니다. 따라서 버티포트 지역은 인프라(배터리 충전 인프라, 유지관리 시설, 승객 환대 시설/편의 시설 등 서비스에 필요한 지원시설)를 소유하고 개발하는 옵션(Option)을 고려해야 합니다.

- 영국은 GKN Aerospace Skybus 개념을 도입하여 미래 항공 운송 시스템에서 어떻게 중요한 역할을 할 수 있는지 평가하고 맨체스터 공항의 셔틀 서비스에 대한 분석을 수행하였습니다. 스카이버스(Skybus)는 공동 FFC 2단계 프로젝트 일부분으로 개발된 배터리 전기식 6개 로터 eVTOL 개념입니다. 1~6명의 승객을 위해 설계된 일반적인 AAM의 eVTOL 개념과 달리 스카이버스(Skybus)는 최대 30명의 승객을 수용할 수 있습니다. 다수의 일반 대중을 대상 공항 셔틀로 마일당 비용을 1달러 미만(탑승율 75%)으로 낮추는 것이 목표입니다. 항공편 간 충전 기능은 정기적이고 안정적으로 승객을 이송할 수 있습니다.

### 스카이버스(Skybus)의 주요 장점

*출처 : Scaling Advanced Air Mobility in the UK, 2023.11

| 운용 기준 | 주요 장점 |
|---|---|
| 승객 수용 능력 증가 (他 eVTOL과 비교) | • 스카이버스(Skybus) 개발 중으로 승객 30명 수송<br>• 소규모 항공보다 승객당 비용 낮아 대중교통 구상 |
| 급속 버스트 충전 | • 출력전류 사용량이 많지 않을 때 고효율 버스트(Burst) 충전 기능을 활용 정기적이고 안정적인 유료 승객 서비스의 가용성 극대화 |
| 고속 운송 | • 미래의 통합 공역에서 최대 180mph(290km/h)의 속도로 순항하여 승객에게 여행 시간 단축의 이점 제공 |

### 스카이버스(Skybus) 운영 개념

*출처 : Scaling Advanced Air Mobility in the UK, 2023.11

# 3. 비상, 의료, 구급 서비스

- AAM 항공기를 활용하면 항공기, 운용 및 유지 보수 비용이 크게 절감됩니다. 전통적인 헬리콥터와 달리 효율적이고 안전하게 작동하는 최신 VTOL(Vertical Takeoff and Landing), eVTOL(electric Vertical Takeoff and Landing) 항공기로 대체될 것입니다. 이를 통해 네트워크 전반에 걸쳐 의료 항공 서비스를 확장하여 응답 시간을 개선할 수 있습니다.

- 병원·의료 시설은 AAM(Advanced Air Mobility)에 대한 가장 유망한 적용 분야임을 인식해야 합니다. 무인 서비스가 먼저 배송(의료용품, 샘플(sample), 장기 등)에 제공될 가능성이 높으며 그 후 인력과 환자를 수송하기 위한 조종사 탑승 항공기가 제공될 것입니다. 필요한 절차 및 의료 장비는 응급 서비스 제공자마다 다를 수 있으며 가장 유리한 출발지·목적지를 식별하는 것이 중요합니다.

Shows the city selection process on the airport shuttle use case, as an example

*출처 : Study on the societal acceptance of Urban Air Mobility in Europe, EASA May 19, 2021

- 트라우마(trauma) 대응을 위해 안전한 수송 및 착륙 장소를 확보하는 것이 중요합니다. 응급요원과 의료용품, 비상시설 및 지상 비상수송 서비스와의 공동 배치는 필수적입니다. AAM이 확장됨에 따라 원격 특성과 탐지 및 회피 기술의 개선을 고려할 때 항공기 사고에 대한 대응도 가능합니다.

\* 출처 : electra.aero

- 응급 서비스 제공자는 잠재적 경로 및 예상 서비스를 개발하기 위해 사고 발생률이 높거나 서비스가 가장 필요한 영역을 식별해야 합니다. 여기에는 사고가 다수 발생하는 도로와 연결성이 좋지 않은 외딴 지역이 포함될 수 있습니다. 관련된 모든 의료 제공자와 의료 상품 및 서비스 공급업체는 AAM으로 해결 할 수 있거나 전체 공급망 흐름의 일부로 해결해야 하는 지상 네트워크와 관련된 병목 현상·문제점을 식별해야 합니다.

- 항공 관리 당국은 비상 서비스를 위한 항공운용을 우선시하고 성공을 보장하기 위해 표준 운용 절차 및 데이터 추적을 구축해야 합니다. 의료 및 보험 제공자는 의료 서비스를 위한 메커니즘(Mechanism)을 제공하고 AAM(Advanced Air Mobility) 운용에 따른 비용 절감 측면도 고려해야 합니다.

- 대중의 수용과 교육은 특히 필요와 요구사항을 이해하는 데 중요하며 도로 및 기타 비전통적인 착륙 장소의 활용도 예상할 수 있습니다.
- OEM(Original Equipment Manufacturer)과 의료 제공자와 협력하여 항공기가 적절하게 운용되는지 확인하는 것이 중요합니다. 특히 교통사고에 대한 정책개발은 병원·응급서비스, 공공안전 및 지역 규제기관 간의 조정이 필수입니다.
- 의료 사용사례에는 무엇보다도 환자수송 및 이동, 응급치료, 시간에 민감 한 물질 수송, 의사와 직원 수송이 포함됩니다. 이러한 기능 대부분은 기존의 헬리콥터를 사용하기 위해 의료시설이 기 건설된 헬기장, 헬기 착륙장 또는 헬리스톱을 사용합니다. 이러한 시설의 기하학적 기준에 대한 표준은 현재 FAA의 Advisory Circular 150·5390-2C에서 식별됩니다.
- 승객 운송에 대한 많은 기준과 권장사항은 의료부문에 적용할 수 있지만 이러한 시설은 화물 또는 일반승객 여행사용 사례에 대해 설명된 것보다 훨씬 적습니다.
- 일부 상황에서 의료임무는 대피, 환자·의사·직원 수송을 용이하게 하거나 항공기 유지, 보관 또는 준비하기 위해 승객 버티포트를 사용할 수 있습니다. 그러나 많은 병원에 이미 헬기 착륙장이 있으며 이 사용 사례에는 시간이 특히 중요하므로 제한적일 것으로 예상합니다.

## 4 기업·사업 운용 및 화물 배송

- 기업이 사유 재산으로 개발되는 버티포트(Vertiport)는 구조, 설계 및 접근성에 대해 권한을 갖게 되지만 그 위치 설정이 관련 운용 서비스와의 연계·허용을 검증할 수 있는지 확인해야 합니다. 또한 기업은 이러한 서비스에 접근(Access)하려면 운용자와 협력하고 지정된 경로와 회랑(Corridor)을 이용하여야 합니다. 기업과 운용자는 인증기관, 지자체, 정부와의 협력을 통해 AAM(Advanced Air Mobility)의 확장 운용으로 전환하고 주변 가시성과 소음 등에 대한 대중의 인식을 고려해야 합니다. 향후 AAM 산업이 성숙함에 따라 기업, 개인용 eVTOL은 원격 위치에서 공항으로 직항·접근할 수 있습니다.

- 화물 배송 서비스, 특히 무인 드론(Drone) 배송 서비스를 확장하려면 고비용의 신규 투자보다는 기존의 인프라(infra)를 활용하는 방법을 찾는 것이 중요합니다. 주요 협업의 핵심 영역은 배터리 충전 인프라와 지상 기반 레이더(공항)입니다.

- 향후 운송업체는 현재의 기존 지상 시설 또는 고객의 시설(예 : 병원, 소매점)에 드론을 보관할 것입니다. 그러나 관련 산업이 성장함에 따라 일부 운송업체는 자체 드론 포트(Port)를 배치하고자 할 것입니다. 이는 일자리 창출이 가능하므로 관련 기관(지자체 외)과 협력하여 전략적인 드론 포트 위치를 선정하여야 합니다.

- 상품 배송은 소규모 포장의 경우 고객에게 직접 배송되는 sUAS(small Uncrewed Aircraft Systems) 항공기, 전(全) 배송경로를 포함한 지상 기반 배송 모델과 연계되는 대형 AAM 항공기를 운용할 수 있습니다. 이러한 각 방안의 인프라 요구사항은 상당히 다릅니다.

- 차세대 CTOL(Conventional Takeoff and Landing)에서 STOL(Short Takeoff and Landing) 및 VTOL(Vertical Takeoff and Landing)은 유인 및 원격 조종으로 운용할 것입니다. AAM의 미래에는 드론 조종 요건이 줄어들고 운용 자동화에 따라 인증 프로세스가 완화되어야 합니다. 마찬가지로 전기 모터와 상대적으로 엄격한 인증이 필요한 일회용·교체 부품으로 인해 MRO(maintenance, repair and operating, 유지 보수, 정비 및 점검)가 간소화될 것입니다.

- 통신 연결을 보장하기 위해서는 C2(Command and Control, 명령 및 제어) 링크(Link)의 지속적인 개발과 운용 영역, 안정성(C2에 필요한 대기 시간), 중복성 및 연속성을 보장하기 위한 보안 적용 범위가 필요합니다. 셀룰러(Cellular, 셀(Cell) 구성을 갖는 이동 통신망 통칭) 네트워크는 위치 보고 및 백업(Backup, 임시 보관) 통신 시스템으로 활용될 수 있으므로 중요합니다.

- AAM(Advanced Air Mobility) 화물 서비스 실행 및 규모 확대, PSU(Provider of Services for Urban Air Mobility)에 대한 투자, UAS(Uncrewed Aircraft System) 트래픽(Traffic : 일정 시간 내에 흐르는 정보의 이동량) 촉진 관리 및 기상 시스템은 공공 부문에서 고려할 사항입니다. 특히 운용자는 수집 중인 데이터(예 : 날씨 데이터)를 공공 부문은 안전 개선을 위한 인프라 데이터의 요소를 공유할 수 있습니다. 그러나 데이터 표준뿐만 아니라 공개 및 개인 소유 데이터에 대한 명확한 경계가 필요합니다.

- 향후 다양한 항공기 유형의 인프라 수요를 수용하여야 하며 전통적인 공항과 민간 및 공공 운용에 대한 투자와 감독이 필요합니다. 과도한 유지 보수가 아웃소싱(Outsourcing : 기업 업무의 일부 부문이나 과정을 경영 효과 및 효율의 극대화를 위한 방안으로 제3자에게 위탁해 처리) 될 것이며, 이 경우 관련 교육 및 정부 지원을 통해 관련 생태계를 성장시키는 것이 중요할 것입니다.

- 유인 AAM은 기존 FAA(Federal Aviation Administration) 규칙에 따라 운용할 기회가 있지만 FAA는 무인 드론 배송의 각 사업·실증에 대해 별도의 승인·면제를 요구합니다. 확장성은 FAA 설정한 전반적인 규칙과 지침의 이점을 누릴 수 있으며 대중이 드론을 보고 듣고 경험할 수 있는 실증 공간에서 협업하는 것은 수용에 도움이 됩니다.

- 에어택시 및 RAM(Regional Air Mobility) 애플리케이션에서와 마찬가지로 AAM의 잠재력을 최대한 실현하려면 관련업무 분야에 더 많은 조종사와 엔지니어가 필요합니다. 이는 협업, 인증 및 교육프로그램 개발, 대학을 통한 교육(또는 재교육) 기회를 제공해야 합니다.

- 지역 지자체는 잠재적인 공급망을 이해하기 위해 기업체와 협력하여야 하며 AAM 운용에 영향을 미치는 중단, 백업 시스템, 대안 등에 대한 사전 준비로 운용 효율화가 요구됩니다.

- sUAS(small Uncrewed Aircraft Systems) 항공기 화물운송은 안정적인 포장과 안전한 운용을 위해 지점 간 문제점이 없어야 합니다. 운송 기한에 따른 고객 기대의 충족과 주어진 환경에서 동시 운용되는 다수 sUAS 항공기의 연속성에 대한 여부를 고려하여야 합니다.

- 화물 사용사례

    - 화물에는 가정·비즈니스 패키지 배송, 전자 상거래, 물류 운송 및 일반 주문 형 배송(예 : 음식) 등이며 유무인 활동이 모두 포함됩니다. 대부분의 화물 이송은 개인 소유 및 독점 사용 인프라(예 : 회사 창고)에서 시작하여 다른 개인이 운용하는 목적지에서 종료됩니다. 패키지 배송과 같은 경우에 **AAM** 항공기의 배송은 고객위치에서 중지되며 완료 시 버티포트로 귀환합니다.

    - 화물사용이 허용되고 승인된 버티포트는 여객 운송을 위해 설정된 것과 동일한 최소 안전표준을 준수해야 하며 다른 유형의 **AAM**과 데이터 통합이 이루어져야 합니다. 이러한 사용사례의 성공을 위해서는 자동화된 로딩(Loading) 언로딩(Unloading) 및 정렬(Sorting) 인프라가 필요합니다.

# 제10장

## 교육훈련 및 유지보수

# 1 시뮬레이터 사례분석

## ■ NASA VSIL(Vehicle Software Integration Lab) "PILOT SIM"

- NASA의 AAM(Advanced Air Mobility) NC(National Campaign)은 Joby Aviation과 제휴하여 Joby의 경로 고도에서 운용하는 항공기의 출발, 운항 경로, 접근 및 실패 접근 아키텍처를 포함한 다양한 개발 후보 도심항공교통(UAM) 계기비행절차(IFP) 설계를 실험하고 고신뢰 엔지니어링 기술 분석, 코딩, 비행 계획 기준 준수 측면도 평가하였습니다.

- 실험의 목표는 개발 IFP의 다양한 변형에 대한 안전성, 효율성, 승객 편의성 및 소음 영향을 평가하는 것입니다. 안전 관련 조치에는 지형 및 수직 장애물로부터의 거리 확보, 절차 비행 가능성 및 비행경로 적합성이 포함됩니다. 효율성 관련 측정에는 소요 시간, 소요 공역 범위, 소요 배터리 용량이 포함되었습니다. 승객의 편안함과 승차감 측정에는 롤/피치 각도, 롤/피치 자세 변화율, 공격적인 기동 전의 대기 속도, 주관적인 조종사/승객 반응 및 가속력이 포함되었습니다.

- 폐루프 비행 시뮬레이션(Closed Loop Flight Simulation)은 NASA VSIL(Vehicle Software Integration Lab) "PILOT SIM"은 비행 테스트, 인적 요소, 소프트웨어 개발 및 비행 테스트를 위한 소프트웨어 검증을 위해 설계되었습니다. 가능한 대상 하드웨어에 가깝게 설계되었으며 비행 제어 액츄에이터(Actuator), 전기 추진 장치 또는 고전압 배터리가 포함되어 있지 않으나 소프트웨어 측면과 소프트웨어를 실행하는 전자 장치는 항공기를 대표합니다. VSIL 조종사 시뮬레이션 조종석의 물리적 구성은 Joby S4 항공기의 최신 조종석 설계를 따르도록 고안되었습니다. 여기에는 좌석 높이, 스위치, 항공전자 장치, 비행 조종 스틱 위치가 포함됩니다. 조종석에는 치수가 정확한 컨트롤패널, 눈부심 방지막 및 비행 조종 스틱(Stick) 암이 설치되어 있습니다. 조종석에는 조종사의 시선 기준점에 위치할 수 있도록 전체 조정 제어 기능을 갖춘 항공기 구성 좌석이 설치되었습니다.

*출처 : Joby S4 VSIL(left) preliminary S4 flight deck avionics layout(right), Joby Aviation

- VSIL 파일럿 시뮬레이터에는 가민(Garmin) 디스플레이와 인터페이스 되며 두 개의 동일한 MDC(Mission Display Computer)가 포함되어 있습니다. 시스템에는 비디오, RDC(Multi Protocol IO Concentrator) 이더넷(Ethernet) 및 ARINC(Aeronautical Radio, Incorporated)-429가 포함됩니다. 이러한 MDC는 Joby의 전력 네트워크(Powered Network)와 가민(Garmin) 하드웨어 간의 인터페이스 역할을 합니다.

- VSIL PILOT SIM은 데이터의 수집을 위해 표준 Joby 소프트웨어 플랫폼인 HRR(High Resolution Recorder)을 사용합니다. 학습을 위해 관심 있는 데이터 메시지를 캡처(Capture)하여 편리하게 공유하고 활용하는 CSV(Comma Separated Value) 파일에 기록할 수 있는 소프트웨어가 개발되었습니다.

- VSIL PILOT SIM에서는 항공기 외부의 시각화가 제한됩니다. 3개의 대형 LCD 디스플레이를 사용하여 외부 환경을 투영하고 조종사가 버티포트의 수직 이착륙 구간에서 지상 시각이 제한되나 전체적인 비행 범위를 고려하는 경우 유용합니다.

- 에어 X Plane은 외부 3D 환경 생성에 사용됩니다. Joby가 개발한 X Plane 플러그인은 GPS(Global Positioning System) 정보를 시뮬레이션에 전송하여 호스트 시뮬레이션 컨테이너(앱 실행에 필요한 바이너리, 라이브러리, 구성 파일 등 모든 코드와 종속성을 포함하는 표준화된 소프트웨어 유닛)를 업데이트합니다. VSIL에서 시뮬레이션을 실행하는 데 X Plane이 필요하지 않습니다. 그러나 항공기 위치와 관련된 지형 위치 정보는 가민(Garmin) 기능을 지원하기 위해 X Plane에서 제공합니다.

* 출처 : VSIL display screen, Joby Aviation

- Joby S4 항공기 엔지니어링 시뮬레이터는 FAA(Federal Aviation Administration)의 TARGETS(Terminal Area Route Generation Evaluation and Traffic Simulation) 소프트웨어에서 구축된 실험적 IFP(Instrument Flight Procedures)를 평가하기 위해 사용되었습니다. 실험 IFP는 출발, 비행, 접근 및 실패 접근 구간을 비(非) 접속이라는 단일 절차로 수행합니다. 출발 및 접근 구간은 항공기 터미널 대기 속도, 원하는 상승/하강 각도 및 각 버티포트(Vertiport)에 맞게 조정된 사용 가능한 출발/접근 공역 구역을 고려하기 위하여 다양한 크기의 회랑이 있는 버티포트 중앙에 있는 교통 패턴과 매칭하여 사용합니다.

- Joby는 시뮬레이션을 통해 FAA의 Deproach라는 새로운 비행경로 실험(비행 절차 간소화하기 위한 탐색으로 비행계획 코딩(Coding))을 수행하였습니다. 이 개념은 항공기가 비행경로 운항 제한 상황에서 지정된 운항 경로를 넘어 적용할 수 있습니다. 이는 AAM 항공기의 항로를 보전하면서 저고도 운용의 효율성을 가능하게 합니다. 특히 UAM 항공기의 이륙, 접근, 착륙, 절차회피 시 안전과 유연성 측면에서 필요합니다. 시뮬레이션을 통해 특정 버티포트에 도달하는 절차를 간소화하고 고도, 기동성, 승차감의 기준점 설정으로 성공적인 AAM 운영에 활용하였습니다.

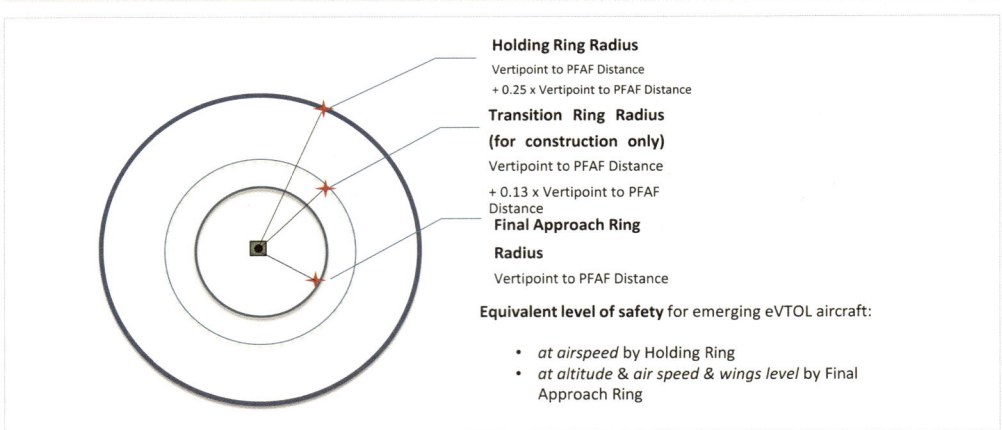

\* 출처 : FT - 06 | Advanced Air Mobility Operation & Automation National Campaign Simulation Activity with Joby Aviation David Zahn, 2023.6

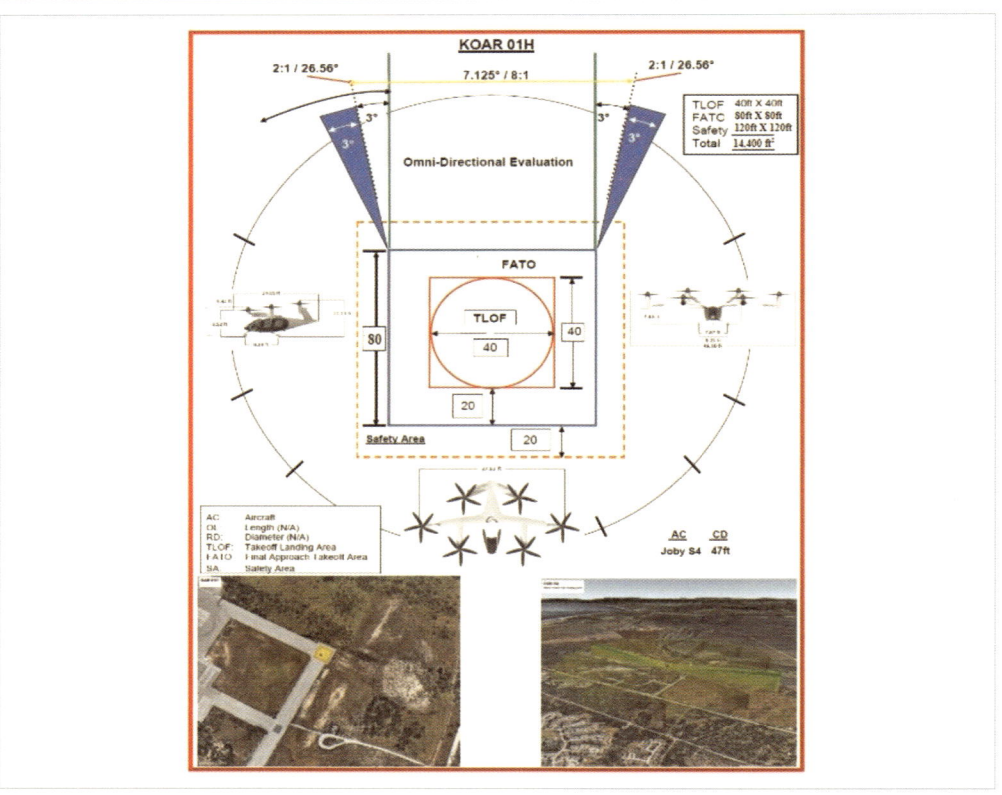

\* 출처 : UAM Instrument Flight Procedure Design and Evaluation in the Joby Flight Simulator, 2023. 5, National Campaign Joby Activity Team

● 아래의 그림은 개발된 시뮬레이터 버티포트 평가 워크시트(Vertiport Evaluation Worksheet)이며, 착륙 및 이륙 플레이트(Approach & Departure Plates)입니다.

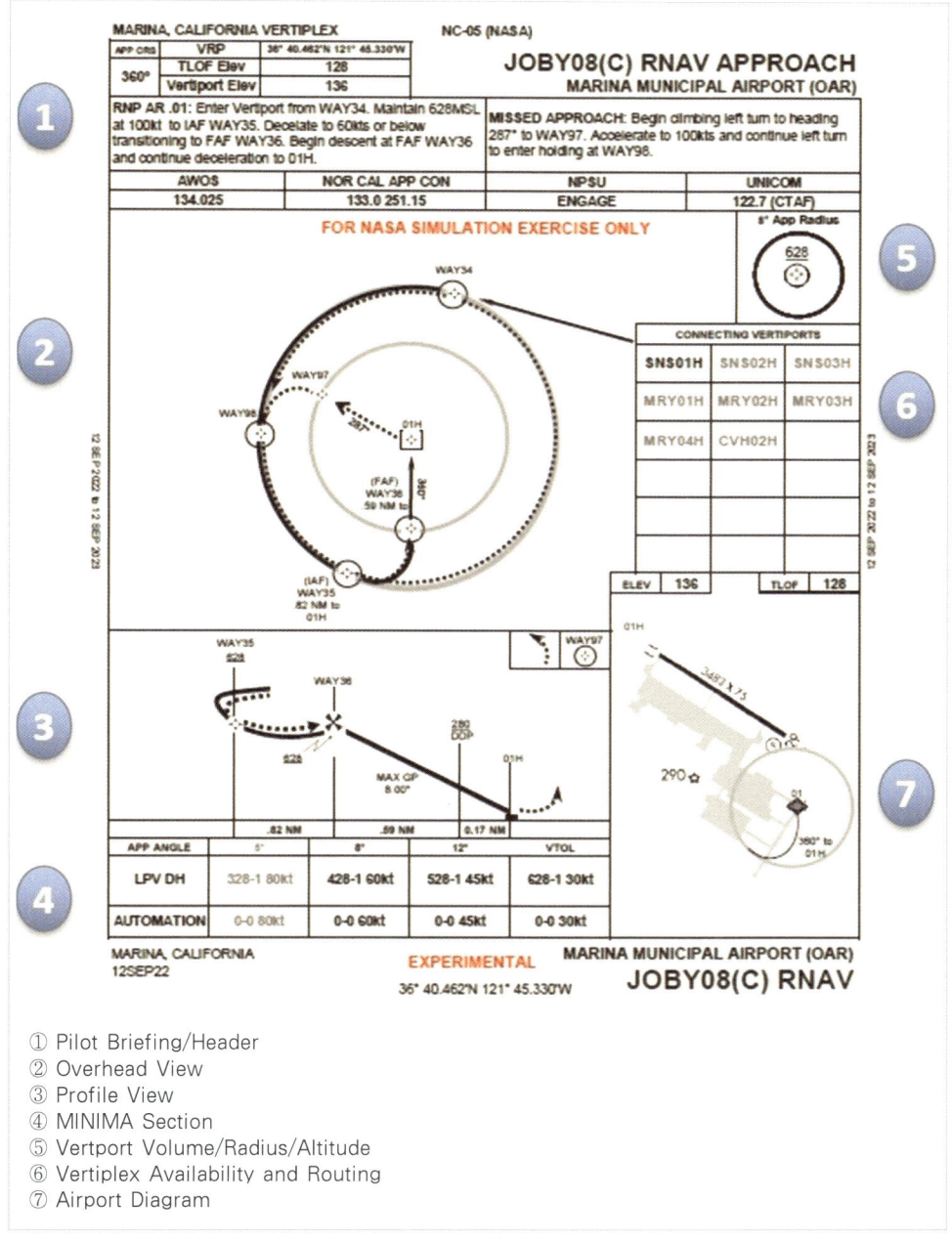

① Pilot Briefing/Header
② Overhead View
③ Profile View
④ MINIMA Section
⑤ Vertport Volume/Radius/Altitude
⑥ Vertiplex Availability and Routing
⑦ Airport Diagram

* 출처 : UAM Instrument Flight Procedure Design and Evaluation in the Joby Flight Simulator, 2023. 5, National Campaign Joby Activity Team

## 2 교육훈련

### ■ 조종사 교육

- 조종사는 기내 또는 외부(원격으로 작동하는 항공기)에 상관없이 UAM 초기부터 필수적인 역할 수행할 것입니다. 조종사는 전통적인 항공 운항과 같이 국가 공역 시스템을 통해 UAM 항공기를 안전하게 운항할 것이며 자격을 갖춘 전문 교육을 받은 조종사는 대중의 수용성이 강화되고 UAM 운송 수단의 상용화 서비스에 가장 빨리 진입할 수 있습니다.

- 검증 당국은 현재 UAM 조종사 교육 및 항공 승무원 자격, 등급 및 자격증 요건을 정의하는 초기 단계에 있으며, 초기 UAM 운영은 현재의 상업 운영을 반영할 가능성이 높습니다. 그러나 UAM이 증가함에 따라 여러 운용 측면이 다를 것이므로, 필요에 따라 훈련 요구사항을 조정하고 확장할 수 있는 대응이 필요합니다.

- 초기 UAM 항공기의 조종사는 단일 또는 다중 엔진 클래스(CPL(사업용 조종사 자격 증명, Commercial Pilot License)-A)를 가진 비행기 또는 헬리콥터 클래스(CPL-H)를 가진 회전익항공기 또는 동력 리프트(CPL-PL, Powered Lift : 수직으로 이착륙하도록 특수하게 동력을 공급하는 방법)를 위한 사업용 조종 면허(또는 미국의 인증서)를 보유해야 하며 전환 훈련을 받을 것입니다.

- 전환 훈련 과정의 개발은 UAM 항공기의 예상 형식 인증에 따라 달라지며 조종사는 제작 및 모델별 형식 등급을 보유해야 할 수도 있습니다. UAM 항공기의 능력을 충족시키기 위한 구체적인 훈련 요건을 갖춘 초보 조종사의 필요성이 결정되어야 할 것입니다. 규칙 제정 노력이 확립되고 초보 조종사가 이러한 항공기를 운항할 수 있기 전에 정의된 요구사항이 필요합니다.

- 현재 FAA가 수직이착륙 조종사 및 운항 인증을 명확히 하기 위해 작성 중인 특별 연방 항공 규정은 eVTOL의 취항 허용을 위하여 필요합니다. UAM(안전한 확장성, 복잡한 운영, 자율성 정도 등)의 장기적인 성공을 가능하기 위해 추가적이고 병렬적인 규칙 제정 노력이 필요합니다.

- SAE International(미국 자동차 공학회(Society of Automotive Engineers), 항공우주, 자동차 종사자 가입)과 그 위원회 G-35, 모델링(Modeling), 시뮬레이션(Simulation), 신흥 항공 기술 훈련과 같은 표준 기구들은 모델링과 시뮬레이션을 이용한 항공기의 인증, 혼합현실(MR, Mixed Reality), 가상현실(VR, Virtual Reality) 및 증강현실(AR, Augmented Reality) 기술을 이용한 훈련 장치, 조종사의 인증과 훈련을 지원하기 위한 항공우주 표준이 필요함을 인지하고 있습니다.

- 조종 교육 및 인증 표준은 CBTA(Competency Based Training and Assessment)와 성과 기반 교육 및 인증에 의존하게 됩니다. 대부분의 신형 UAM 항공기는 처음에 단일 비행 제어 장치를 갖춘 단일 조종사에 의해 운용될 것입니다.

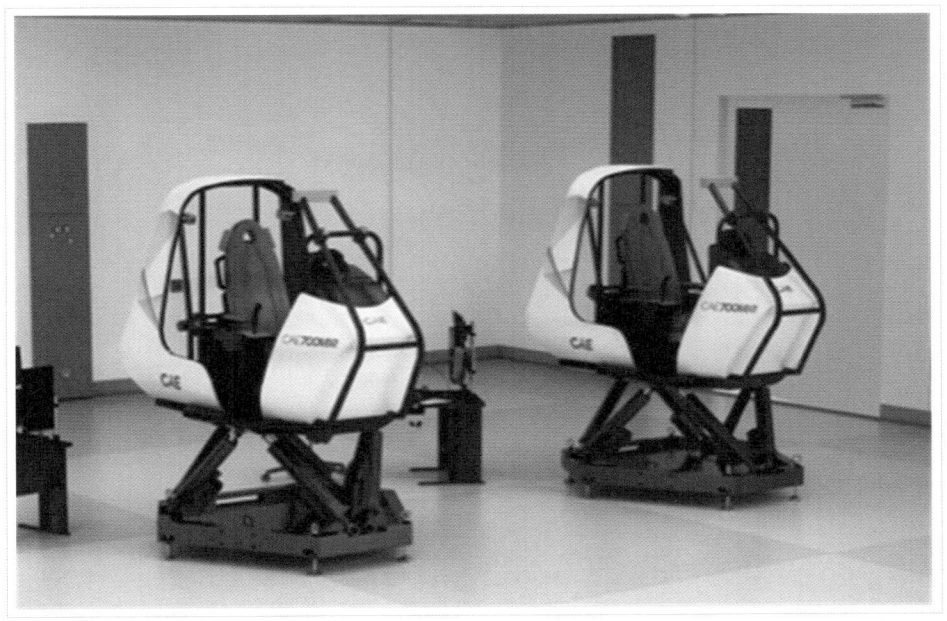

* 출처 : Helicopter Association International simulator 2023

- SVO(Simplified Vehicle Operations)는 기내 조종사의 훈련을 위해 새로운 기술을 요구할 것입니다. 현재 규정은 완전한 기능을 하는 이중(Dual) 조종을 활용한 기내 훈련이 필요합니다. 새로운 UAM 항공기의 채택은 학습 경험을 향상하고 최고 수준의 안전을 보장하는 비용 효율적 확장성으로 훈련 패러다임을 전환하기 위해 첨단기술을 사용하는 시뮬레이터(Simulator)·시뮬레이션(Simulation) 기반 훈련 및 인증에 의존할 수 있습니다.

## 항공기 개발

- 항공기 제조사와 검증기관은 UAM 항공기 개발을 위한 항공기 감항성 기준, 표준 및 허용 가능 준수 수단을 개발해야 합니다. 형식증명의 발급은 개발자가 공역에서 운항하기 위한 요건과 적절한 안전수준을 충족하는 경우에만 고려되어야 합니다. 적절하고 가능한 경우, 항공기 개발자는 기존 구조에 맞게 조정해야 합니다. 예를 들어, 적절한 경우 동력 리프트(Powered Lift, 수직으로 이착륙하도록 특수하게 동력을 공급하는 방법) 범주 인증을 활용해야 합니다. UAM 항공기에 대한 다른 새로운 성능 요구 사항은 향후 인증 표준을 위해 개발되어야 합니다. 항공기의 성능은 인증에 필수이며 특정 항공기가 특정 유형의 인프라에서 안전한 운항 여부를 결정하는 핵심 요소입니다.

- 주요 항공기 성능 요건으로는 항공기 제어 가능성, 항공기 기동 가능성, 지상 및 지상 외 효과 성능, 가용 전력 제한, 전기 인프라 의존성, 비행경로 라우팅(Routing, 네트워크에서 경로를 선택하는 프로세스) 링크(Link) 등이 있습니다.

- 새로운 AAM 디자인은 모델링과 시뮬레이션에 더 의존할 수 있습니다. 또는 새로운 설계가 그렇지 않을 수도 있어 형식 인증에 대한 비행실험 요건을 보완하고 인증을 지원하기 위한 디지털트윈(Digital Twin, 현실 세계의 기계나 장비, 사물 등을 컴퓨터 속 가상 세계에서 구현하는 것) 항공기 내 비행실험의 전통적인 수단을 허용합니다.

- 배터리 지속 가능성 및 기타 요인들은 항공기 인증을 위한 시뮬레이터·시뮬레이션 테스트의 필요성을 보여 줄 수 있습니다. 엔지니어링(Engineering) 시뮬레이션을 사용하여 통합 문제를 찾고 해결하며 고장 모드를 입증하면 인증 프로세스에서 가치를 얻을 수 있습니다. 엔지니어링 시뮬레이션은 조종석 설계의 인적 요인 평가 및 가속화를 가능하게 합니다.

- 통합 시스템 실험 및 인증 장비는 실험비행 조종사의 안전을 위험에 빠뜨리지 않고 충분한 반복성을 가지고 실험비행을 수행할 수 있다는 부가 가치로 비행시간과 시스템 시험을 단축할 수 있습니다. 고도화된 시뮬레이션은 헬리콥터, 비즈니스 항공 및 상업용 항공산업에서 입증되었습니다.

- 결론적으로 도심항공교통(UAM : Urban Air Mobility), 첨단항공교통(AAM : Advanced Air Mobility) 대한 NASA의 NC(National Campaign)는 Joby의 높은 고고도 출발, 항로, 접근 및 실패 접근 아키텍처를 포함한 다양한 개발 후보 도시를 대상으로 도심항공교통(UAM)의 계기비행절차(IFP : Instrument Flight Procedures) 설계를 시험하고 이를 통해 안전성, 효율성, 승객 편의성 및 소음을 평가하였습니다. 안전 관련 조치로는 지형 및 수직 장애물로부터의 거리 확보, 절차 비행 가능성 및 비행경로 적합성을 제시하였고 효율성 관련 측정에는 필요 시간, 공역 범위, 배터리 용량이 포함되었습니다. 승객의 편안함과 승차감 측정에는 롤(Roll)/피치(Pitch) 각도, 롤/피치 자세 변화율, 공격적인 기동 전(前)의 대기 속도, 주관적인 조종사/승객 반응 및 가속력이 포함되었습니다.

- HAI(Helicopter Association International)는 새로운 AAM 디자인 개발을 위해 모델링과 시뮬레이션에 의존할 수 있으며 형식 인증에 대한 비행시험 요건을 보완하고 인증을 지원하기 위한 디지털트윈(Digital Twin) 활용, 배터리 지속 가능성 및 기타 요인들은 시뮬레이터/시뮬레이션 시험의 필요성을 강조하였습니다. 특히 엔지니어링(Engineering) 시뮬레이션을 사용하여 통합 문제를 찾고 해결하며 고장 모드(Mode)를 입증하면 인증 프로세스 대응이 가능함을 제시하였습니다. 따라서 현실적인 조종, 항공기 개발, 정비의 인터페이스를 제공하고 초기 UAM 특성별 운용을 위해 시뮬레이터 활용은 중요합니다.

# 3 유지보수

- UAM의 안전 고려사항 중 중요한 요소는 유지보수 요구사항입니다. 예상되는 고밀도 UAM 생태계 내에서, AAM 산업 전체의 안전을 유지하기 위한 유지보수를 보장하는 상당한 수의 일일 비행이 있을 것입니다.

- UAM의 경우, 유지보수 요구사항은 UAM 지상 인프라(Vertiport : 수직이착륙장)의 현장 또는 오프사이트(Off-Site)의 항공기 점검 및 절차를 포함합니다. 각 UAM 지상 인프라 시설에서 예정 여부에 따른 서비스(비정규 품목, 지상 항공기 또는 AOG(Aircraft On Ground, 항공기가 정비 등의 문제로 비행하지 못하는 상태), 행사를 포함하기 위해 유지보수 서비스에 대한 요구가 있을 것입니다.

- 운항정비(Line Maintenance), 전체 항공기정비, 부품교체, 부품 오버홀(Overhaul, 모든 부품의 상태를 결정하기 위해서 완전히 분해하는 정비하는 절차) 및 일반적인 유지보수검사에 대해서도 오프사이트(Off-site, 현장에서 벗어나서 발생하는 지역) 유지보수 서비스가 필요합니다. 훈련 요구사항과 마찬가지로, 정비 표준은 다양한 종류의 UAM 항공기를 수용해야 하며 정비 기술자와 엔지니어는 UAM 항공기의 다양한 분야를 지원할 준비가 되어 있어야 합니다. 이러한 UAM 항공기는 기존 항공기와 비교하여 설계 및 구성요소가 다를 수 있어 새로운 또는 개편된 유지보수 프로세스 및 절차가 필요할 수 있습니다.

- UAM(도심항공교통) AAM(첨단항공교통) 유지보수 교육을 위한 현재의 검증 요건을 충족하는 항공 정비 기술자 교육에는 새로운 개념과 혼합현실(MR, Mixed Reality), 가상현실(VR, Virtual Reality) 및 증강현실(AR, Augmented Reality) 기술을 사용하여 이러한 새로운 시스템 및 운영 요건을 효과적으로 해결을 위해 보다 전문화된 교육이 포함될 수 있습니다.

* 출처 : Ohio AAM Planning Framework 2022.10.6.

- 항공 정비 교육표준은 UAM의 특정 요구를 충족시키기 위한 기술자를 충분히 준비시키지 못할 수 있는 다양한 항공 부문을 포함하며 교육표준은 UAM의 신기술을 강조하기 위해 업데이트되어야 하며 범위를 벗어난 기존 기술은 제외되어야 합니다. 이는 FAA가 유형별 항공기 정비 제공업체에 부과하는 요구사항과 유사한 단기 운항을 위한 견고하고 안전한 정비 생태계 조성을 위해 기술자가 UAM 유형별 교육을 받도록 의무화되도록 기회를 제공할 수 있습니다.

- 수십 년 동안 가장 안전한 운송 수단인 항공산업에 UAM 개념을 통합하려면 그 안전을 지속하고 개선해야 합니다. 이러한 개선은 바람직한 결과를 생성한 기존의 성과와 일치하는 유지 관리 관행을 통해 달성되어야 합니다. UAM 항공기의 도입은 기존 유지 관리 관행에 문제를 제기하는 기술이 적용될 것입니다. 즉, 수소동력시스템, 전력 부품의 사용, 기존 재료 또는 항공기 부품의 응용 프로그램 변경은 항공산업에 대한 변화가 예상됩니다.

- 전기 또는 수소동력시스템의 광범위하고 장기적인 유지 관리를 위한 인프라는 아직 존재하지 않습니다. 또한 항공기 정비 서비스 제공업체는 지금까지 소규모라도 UAM 기술을 적용 운용할 수 있는 지식, 직원 또는 도구를 갖추고 있지 않으며 항공업계에서 UAM 기능 고유의 기술에 대한 표준 개발을 위해 노력하고 있습니다.

- 유지보수 조정을 이끌 수 있는 운용상의 차이점은 대부분 더 짧은 서비스 경로 및 영역과 관련이 있습니다. 에어택시 또는 승차 공유 항공기의 개념은 이착륙 횟수의 증가, 예측하기 어려운 운용 및 유지 관리 계획, 더 많은 엔진(모터) 속도 변동(순항고도에서 소요되는 운용 시간의 감소로 인한 결과) 및 진동 프로파일(Profile)을 의미합니다. 이러한 모든 요소는 부품 및 항공기 검사 주기에 잠재적으로 영향을 미쳐 더 자주 정비, 부품교체 및 예정된 유지보수 간격을 생성할 수가 있습니다.

- 신기술의 시연은 소규모 도시 운용 지역을 기반으로 하는 서비스센터의 분포에도 영향을 미칠 수 있는 유지 관리 관행에 상당한 영향을 미칠 것입니다. 새로운 유형의 동력 장치와 같은 UAM 항공기 유지 관리를 지원하기 위한 인프라 성장의 필요성과 함께 아직 존재하지 않는 특수유지관리 또는 서비스시설이 필요할 수도 있습니다.

- 일반적으로 UAM 항공기, 재료, 추진 시스템 및 유지 관리 관행에 대한 표준이 부족 합니다. FAA(Federal Aviation Administration)에는 UAM에 특정한 규정이 전혀 없지만 EASA(European Union Aviation Safety Agency, 유럽항공안전청)에는 UAM 유지 관리 표준(EASA SC-VTOL-01) 수립을 목표로 하는 높은 수준의 지침 프레임워크(Framework)가 존재합니다. 한 가지 예외는 SAE(Society of Automotive Engineers)에 의한 적층 제조 인쇄(3D 프린터) 표준의 존재 및 지속적인 개발입니다. SAE는 티타늄, 니켈, 강철, 스테인리스강 및 알루미늄을 포함한 여러 금속 합금뿐만 아니라 융합 필라멘트(비금속) 공정 및 제조에 대한 표준을 발표했습니다.

- 현재 UAM, AAM 상용화 초기 단계에서 시뮬레이터는 운용 안전성을 향상하기 위한 교통관리 개념 연구개발, 기체 설계 분석, 복잡한 시스템 평가, 친환경 항공 개념을 반영한 고신뢰 상용화가 가능한 고급 개념으로의 개발이 필요합니다. 이를 통해 UAM 운용 절차 및 이론 개념 교육, 교범 상에서 숙달 훈련, 정상 절차, 비상 상황 및 제한적 이착륙 훈련, 데이터 분석 등 교육/정비/통신/체험 분야에서 효율적인 핵심 요소가 될 것입니다.

# 참 고 문 헌

- 한국형 도심항공교통(K-UAM) 로드맵, 관계부처 합동, 2020.5
- 한국형 도심항공교통(K-UAM) 운용 개념서 1.0
- 국내 UAM 산업육성을 위한 정책 제언, KETI Issue Report 2022.12
- UAM 수직이착륙장(Vertiport)의 장애물제한표면 적용 기준에 대한 연구, 유태정, 한국항공운항학회 Vol. 31, No. 1, Mar. 2023
- UAM 개발 동향 및 인공지능기술의 적용방안, 민경원, 한국전자기술연구원, 2022. 11.4
- UAM CNS와 인천공항 추진 현황, 이용길, 남서울대학교 "UAM 과학적 개론과 eVTOL 운용 세미나", 2023.12.4.
- AAM-NC-115-001 UAM Instrument Flight Procedure Design and Evaluation in the Joby Flight SimulatorRev 0, 2023.5.22
- "Draft V2 IFAR Scientific Assessment of UAM", "Key Take Aways Propulsion and Energy Ver 2
- Advanced Air Mobility Ohio AAM Framework, August 2022
- UAM Airspace Research Roadmap Rev 2.0, March 2023
- eSTOL in AAM, An Electra Perspective, June 24th, 2021
- Concept of Operations for Uncrewed Urban Air Mobility, The Boeing Company 2022
- Urban Air Mobility(UAM), Info-Centric National Airspace System November, 2022
- Roadmap of Advanced Air Mobility Operations, Helicopter Association International, 2023
- Advanced Air Mobility : Market study for APAC, Manfred Hader, Global Head of Aerospace & Defense, Roland Berge, February 16, 2022
- Advanced Air Mobility : What is AAM? Student Guide, National Aeronautics and Space Administration, 2020

- Scientific Assessment for Urban Air Mobility(UAM), International Forum for Aviation Research(IFAR), MARCH 1, 2023
- Global Aviation Innovation Analysis, Setting the Scene for the Netherlands, Unified International
- Security Considerations for Advanced Air Mobility(AAM) Operations at Airports, National Safe Skies Alliance, Inc., PARAS 0041 June 2023
- Urban Air Mobility (UAM) Concept of Operations, Version 2.0, FAA April 26, 2023
- Advanced Air Mobility : Market study for APAC Manfred Hader, Global Head of Aerospace & Defense, Roland Berger, February 16, 2022
- Global Aviation Innovation Analysis, Setting the Scene for the Netherlands, To70, Unified International, 2023
- Study on the societal acceptance of Urban Air Mobility in Europe, EASA, May 19, 2021
- STEM LEARNING : Advanced Air Mobility : What is AAM? Student Guide, NASA, 2020
- Benefits of Advanced Air Mobility for Society and Environment : A Case Study of Ohio, by Esrat F. Dulia, Mir S. Sabuj and Syed A. M. Shihab, Applied Sciences, 26 December 2021
- ENGINEERING BRIEF #105 Vertiport Design, FAA, March 13, 2023
- Scaling Advanced Air Mobility in the UK, 2023.11
- Ohio AAM Planning Framework 2022.10.6.
- An Overview of NASA Research into Urban Air Mobility Noise, NASA 2022.3
- An Environmental Impacts of Unmanned Aircraft Operations at and Around Airports, ECO AIRPORT TOOLKIT, 2023
- FT-06 I Advanced Air Mobility Operation & Automation National Campaign Simulation Activity with Joby Aviation David Zahn, 2023.6

- UAM Instrument Flight Procedure Design and Evaluation in the Joby Flight Simulator, 2023. 5, National Campaign Joby Activity Team

- Airport Carbon Accreditation Application Manual 14 FINAL, 2023 12

- Introducing Uber Mega Skyport, CORGAN, 2018

- The Future of Vertical Mobility, Porsche Consulting, 2018

- Ohio AAM Framework, 2022.8.

- National Campaign Initial UAM Surrogate Flight Research Results Crosscutting AAM Ecosystem Working Group (AEWG), NASA, OCTOBER 26, 2021

- Infrastructure barriers to the elevated future of mobility, Deloitte Insights, 2018

- EASA issues world's first design specifications for vertiports, 2022

- FACTSHEET, Urban Air Mobility (UAM), Info-Centric National Airspace System(NAS), 2022.11

# 색인(Index)

## ㄱ

| | |
|---|---|
| 감시 | 72, 73 |
| 개인용 항공기 | 15 |
| 경제성 | 45 |
| 계기비행 기상상태 | 100 |
| 계기비행규칙 | 99, 100, 101, 106 |
| 계기접근절차 | 54, 108 |
| 고전압 동력 전달 장치 | 37 |
| 고정익 항공기 | 36 |
| 공기 질 | 27 |
| 공역 | 53 |
| 공중충돌경고장치 | 101 |
| 공칭 | 47 |
| 관제구역 | 103 |
| 국제민간항공기구 | 28, 36 |
| 궤적 실행 | 47 |
| 궤환 | 25 |
| 그린수소 | 36, 38 |
| 기간시설 | 73, 74 |
| 기상상태 | 100 |
| 기상정보 | 61 |
| 기후변화 정책 | 44 |

## ㄴ

| | |
|---|---|
| 내비게이션 | 134 |

## ㄷ

| | |
|---|---|
| 도심항공교통 | 9, 10, 15, 21, 22, 24, 25, 33, 34, 167, 168 |
| 동적 회랑 | 103 |
| 드론 포트 | 153 |
| 드론 | 43, 153 |
| 디지털 통신 | 111 |
| 디지털트윈 | 166, 167 |

## ㄹ

| | |
|---|---|
| 레이다 | 109 |
| 롤 | 167 |
| 리튬이온배터리 | 18 |

## ㅁ

| | |
|---|---|
| 멀티콥터 | 12, 17 |
| 무인기 | 12 |
| 무인항공교통관리시스템 | 46 |
| 무인항공시스템 | 54, 99, 101 |

## ㅂ

| | |
|---|---|
| 바이오 연료 | 27 |
| 배터리 | 28, 36, 48 |

| | | | |
|---|---|---|---|
| 버티스탑 | 71 | 예약 플랫폼 서비스 | 105 |
| 버티포트 | 13, 16, 27, 34, 63, 64, 66, 67, 71, 85, 92, 94, 109, 137, 153, 161 | 오버홀 | 168 |
| | | 온보드 | 133 |
| 버티포트 관리자 | 105 | 운송시스템 | 56 |
| 버티포트 토폴로지 | 84 | 운영 기술 | 102 |
| 버티포트 평가 워크시트 | 163 | 운항정비 | 168 |
| 버티허브 | 71 | 원격조종 | 13, 15, 22, 43, 45, 46, 49, 50, 99, 139, 140, 141 |
| 벡터 추력 | 17 | | |
| 복합운송시스템 | 9 | 원격조종 경로 | 101 |
| 비가시권 비행 | 102 | 원격조종 항공시스템 | 104 |
| | | 웨이포인트 | 111 |
| | | 유비쿼터스 | 134 |
| | | 유지보수 | 94, 168 |

## ㅅ

| | | | |
|---|---|---|---|
| 세그먼트 | 54, 107, 109, 127 | 음성통신 | 112 |
| 소음 | 24, 25, 26, 27, 33 | 인공지능 | 43 |
| 수소 | 28 | 인터페이스 | 117, 160 |
| 수소연료전지 | 14, 18, 35, 38 | 인프라 | 153 |
| 수직이착륙장 | 13, 16, 71, 168 | 인프라스트럭처 | 73 |
| 순항고도 | 109 | | |
| 승객환대 | 96 | | |
| 시계비행 기상상태 | 100 | ## ㅈ | |
| 시계비행규칙 | 100 | | |
| 시뮬레이션 | 25, 125, 159, 160, 161, 165, 166, 167 | 자동화시스템 | 23, 43, 46, 47, 48, 93 |
| | | 자율성 | 22, 23, 46, 47 |
| 시뮬레이터 | 161, 165, 166, 167 | 전기 그리드 | 28, 62 |
| | | 전기모터 | 34, 37, 38, 75 |
| | | 증강현실 | 168 |
| | | 지상 관리 | 95 |

## ㅇ

| | | | |
|---|---|---|---|
| 안전 인증 | 21 | 지상 관제센터 | 46 |
| 안전성 | 21, 45, 47 | 지오펜싱 | 137 |
| 애플리케이션 | 21, 43, 45, 48, 66, 107, 154 | 질소산화물 | 27 |
| 액화수소 | 38 | | |
| 에어택시 | 15, 24, 95, 123, 140, 145, 154, 170 | | |
| 예약 플랫폼 | 66 | | |

## ㅊ

| | |
|---|---|
| 착륙 및 이륙 플레이트 | 163 |
| 첨단항공교통 | 10, 11, 12, 13, 15, 18, 22, 25, 27, 34, 36, 71, 168 |
| 최소작동성능표준 | 104 |
| 충돌회피 | 53, 101 |

## ㅋ

| | |
|---|---|
| 쿼드콥터 | 12 |

## ㅌ

| | |
|---|---|
| 탄소중립 | 15 |
| 탑승 조종사 | 45 |

## ㅍ

| | |
|---|---|
| 파워트레인 | 38 |
| 페이로드 | 34, 47 |
| 표준계기 출발 | 54 |
| 표준계기출발절차 | 108 |
| 프레임워크 | 170 |
| 프로펠러 | 25 |
| 피치 | 167 |
| 필수항법성능 | 104 |

## ㅎ

| | |
|---|---|
| 하이브리드 | 18, 27, 34, 44 |
| 항공교통관리 | 53 |
| 항공교통관제 | 54, 59, 60, 61, 64, 99, 100, 101, 106, 107, 109, 123 |
| 항공교통관제서비스 | 109 |
| 항공교통관제시스템 | 62, 128 |
| 항공운송시스템 | 9, 11, 12, 13, 34, 39, 53, 58, 71, 106 |
| 핸드오프 | 107 |
| 헬기장 | 73 |
| 헬리콥터 | 24, 25 |
| 혼합 회랑 | 103 |
| 혼합현실 | 165, 168 |
| 환경 | 27 |
| 회랑 | 103, 153, 161 |

## A

| | |
|---|---|
| AAM | 10, 11, 12, 13, 16, 17, 27, 37, 38, 39, 43, 56, 57, 65, 72, 73, 75, 101, 113, 122, 125, 131, 132, 133, 138, 146, 147, 150, 153, 154, 159, 168, 170 |
| ACAS | 101 |
| ACAS X | 135 |
| ADS-B | 135 |
| Advanced Air Mobility | 13, 38, 62, 101, 140, 145, 151, 153 |
| AFR | 114 |
| AGL | 54, 99 |
| AI | 43 |

| | |
|---|---:|
| Air Taxi | 15, 140, 145 |
| ANSP | 102, 103 |
| AOG | 168 |
| Application | 21, 29, 43, 66 |
| Approach & Departure Plates | 163 |
| AR | 54, 168 |
| ARINC | 160 |
| AS | 47, 48 |
| ASTM | 63, 132 |
| ATC | 54, 55, 59, 60, 61, 64, 93, 99, 106, 107, 109, 111, 117, 123 |
| ATM | 57 |
| AURA | 134 |

## B

| | |
|---|---:|
| Biofuel | 27 |
| BVLOS | 49, 102 |

## C

| | |
|---|---:|
| C2 | 59, 60, 61, 92, 107, 112, 122, 131, 134, 154 |
| C3 | 122 |
| CA | 113 |
| CASA | 63 |
| CAT | 50 |
| CBTA | 165 |
| CD | 76 |
| CFM | 113 |
| CFR | 106 |
| CNS | 57, 106, 126, 134, 136 |
| CNSI | 62, 72, 73 |
| ConOps | 36, 50, 56, 92, 95, 106, 107, 112 |
| Corridor | 114 |
| CPL | 164 |
| CPL-H | 164 |
| CPL-PL | 164 |
| CSM | 113 |
| CSV | 160 |
| CTOL | 15, 16, 153 |
| CTR | 103 |

## D

| | |
|---|---:|
| DAA | 33, 43, 48, 104, 131, 138, 139 |
| DEP | 33 |
| Deproach | 161, 162 |

## E

| | |
|---|---:|
| EASA | 14, 21, 38, 45, 50, 63, 73, 124, 170 |
| eCTOL | 14, 15, 145 |
| eSTOL | 14, 15, 37 |
| ETM | 113 |
| EU | 21 |
| eVTOL | 10, 15, 17, 45, 57, 62, 64, 72, 145, 148, 150, 153, 164 |

## F

| | |
|---|---|
| FAA | 9, 25, 46, 63, 73, 76, 78, 106, 117, 124, 146, 154, 161, 169, 170 |
| FATO | 54, 55, 62, 64, 76, 84, 85, 93, 95 |
| FBO | 55 |
| FCC | 146 |
| FLARM | 135 |
| FOC | 58, 59, 61, 105, 111, 112, 131 |
| FOD | 85 |

## G

| | |
|---|---|
| GA | 48 |
| Garmin | 160 |
| GBAS | 135 |
| GBDAA | 101 |
| Geofencing | 137 |
| GNSS | 131, 135 |
| GPS | 108, 137, 160 |
| GRAIN | 126 |
| GSE | 75 |

## H

| | |
|---|---|
| Handoff | 107 |
| Heliport | 73 |
| HRR | 160 |
| hSTOL | 16 |
| HVDC | 37 |
| Hybrid | 18, 27, 44 |

## I

| | |
|---|---|
| IAM | 14 |
| IAP | 54, 55, 108 |
| IATF | 126 |
| ICAO | 27, 28, 36, 62, 104, 121, 122 |
| IFP | 54, 108, 109, 159 |
| IFR | 55, 100, 101, 106, 111, 112 |
| Infrastructure | 73 |
| Interface | 117 |
| IT | 128 |

## K

| | |
|---|---|
| K-UAM | 10, 125, 140 |

## L

| | |
|---|---|
| LDACS | 135 |
| Line Maintenance | 168 |
| LOA | 93, 106 |
| LTE | 135 |

## M

| | |
|---|---|
| MDC | 160 |
| Mixed Corridor | 103 |
| Mixed Reality | 168 |
| MOC | 45 |
| MOPS | 104 |

| | |
|---|---|
| MR | 165, 168 |
| MRO | 153 |
| Multicopter | 17 |
| MVS | 48, 54, 55, 59, 60, 104, 106, 107, 109, 111, 112 |

## N

| | |
|---|---|
| NAS | 53, 101, 106, 114 |
| NASA | 11, 12, 26, 102, 159, 167 |
| NASA VSIL | 159 |
| Navigation | 134 |
| NC | 159, 167 |
| NextGen | 106 |
| Noise | 33 |
| NOTAM | 61 |
| NOx | 27 |

## O

| | |
|---|---|
| OEM | 94, 146, 152 |
| Onboard | 133 |
| OT | 128 |
| Overhaul | 168 |

## P

| | |
|---|---|
| PAV | 15 |
| Payload | 47 |
| PIC | 47, 59, 95, 117 |
| PILOT SIM | 159 |
| PNT | 92, 135 |
| Powered Lift | 164, 166 |
| PSU | 46, 101, 116, 117, 147, 154 |

## Q

| | |
|---|---|
| Quadcopter | 12 |

## R

| | |
|---|---|
| Radar | 109 |
| RAM | 14, 38, 145, 154 |
| RDC | 160 |
| RF | 57, 135 |
| RNP | 54, 55, 104, 108, 109 |
| Roll | 167 |
| RON | 75 |
| RPA | 25 |
| RPAS | 104 |
| RTCA | 104 |
| rTWR | 146 |

## S

| | |
|---|---|
| SAE | 165 |
| SAF | 27, 28 |
| SARP | 121 |
| SATCOM | 134 |
| SBAS | 135 |

| | | |
|---|---|---|
| SC-VTOL | | 45 |
| SDSP | | 116 |
| Segment | | 54, 107, 127 |
| SESAR | | 140 |
| SID | | 54, 55, 108 |
| Simulation | | 125, 159, 165 |
| Simulator | | 165 |
| Skybus | | 148 |
| SMS | | 121, 122 |
| STOL | | 36, 153 |
| sUAS | | 14, 45, 49, 57, 139, 146, 153, 155 |
| SUMP | | 24 |
| SVO | | 45, 165 |

| | | |
|---|---|---|
| UAM(Urban Air Mobility) | | 14, 15, 18, 21, 22, 24, 25, 34, 36, 71, 74, 100, 102, 103, 104, 123 |
| UAS | | 14, 21, 25, 43, 45, 48, 54, 57, 99, 101, 102, 104, 113, 116, 117, 123, 128, 132, 133, 134, 137, 139, 147, 154 |
| UAT | | 135 |
| UATM | | 57 |
| UAV | | 12, 124, 137, 138 |
| Ubiquitous | | 134 |
| USS | | 147 |
| UTM | | 43, 57, 101, 113, 117, 123, 128, 137, 139, 140 |

## T

| | | |
|---|---|---|
| TARGETS | | 161 |
| TLOF | | 36, 62, 75, 76, 132 |
| TNC | | 74 |
| TSA | | 148 |
| TSO | | 58 |
| TSP | | 61, 62, 96, 104, 131 |

## U

| | | |
|---|---|---|
| UAM | | 9, 15, 27, 28, 33, 39, 43, 53, 56, 57, 59, 60, 61, 65, 72, 74, 92, 94, 95, 96, 107, 108, 110, 112, 113, 115, 116, 117, 121, 122, 125, 131, 132, 133, 134, 146, 147, 164, 165, 167, 168, 169, 170 |

## V

| | | |
|---|---|---|
| V2V | | 134 |
| Vertihub | | 71 |
| Vertiport | | 13, 16, 27, 34, 64, 71, 109, 153, 161, 168 |
| Vertiport Evaluation Worksheet | | 163 |
| Vertistop | | 71 |
| VFR | | 55, 100, 111, 114, 137 |
| VHF | | 55, 59, 107, 112 |
| Virtual Reality | | 168 |
| VM | | 55, 64, 66, 92, 93, 131 |
| VMC | | 100 |
| VoIP | | 107, 112 |
| VR | | 165, 168 |
| VSAT | | 135 |
| VSIL | | 159, 160 |
| VTOL | | 15, 34, 45, 145, 150, 153 |

## W

Waypoint 111

## X

X Plane 160
xTM 114

## 3

3D 170

# 저자약력

**김창덕** 金昶德

cdkimuam@nsu.ac.kr
kcd1083@naver.com

▸ 주요학력
- 연세대학교 대학원 기계공학 박사
- 금오공과대학교 대학원 기계공학 석사
- 금오공과대학교 기계공학 학사
- 정석항공공업고등학교 항공정비과

▸ 주요경력
- 現 남서울대학교 스마트모빌리티 UAM 교수
- 연세대학교 산학협력중점교수
- 서울대학교 산학협력중점교수
- 한양대학교 산학협력중점교수
- 동반성장위원회/대·중소기업협력재단 부장
- 한국산업단지공단 차장
- 대통령직속 지역발전위원회 전문관
- 미국 오클라호마주립대학교(OSU) 방문연구원
- 대한민국 해군(OCS84기) 항공병과 중위 전역

▸ 자격사항
- 초경량비행장치 무인비행기 1종 조종자
- 항공기관정비기능사
- 기술거래사

---

## UAM(도심항공교통) AAM(첨단항공교통) 과학기술과 운용

2024년 2월 19일 초판 인쇄
2024년 2월 26일 초판 발행

저 자 | 김창덕
발행인 | 최익영
펴낸곳 | 도서출판 책연
주 소 | 인천광역시 부평구 부영로 196
Tel (02) 2274-4540 | Fax (02) 2274-4542

ISBN 979-11-92672-12-0   93550   정가 20,000원

저자와 협의하에 인지는 생략합니다.
잘못 만들어진 책은 구입하신 서점에서 교환해 드립니다.